AF324961

LES
ABEILLES

PAR

NAPOLÉON ROUSSEL

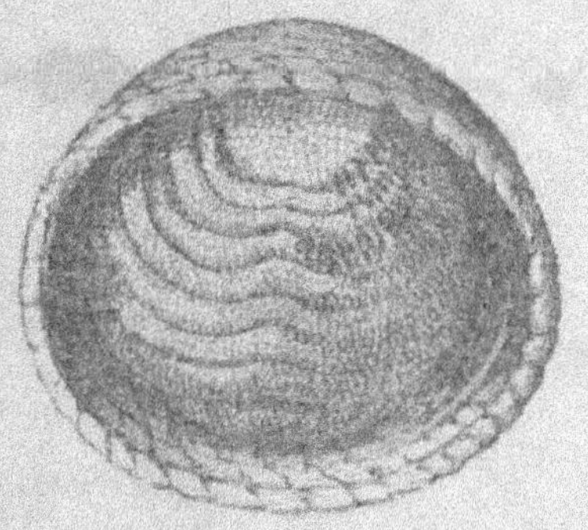

PARIS

GRASSART, LIBRAIRE-ÉDITEUR

2, RUE DE LA PAIX, 2

—

1867

LES

ABEILLES

Essaim d'Abeilles

LES ABEILLES

PAR

NAPOLÉON ROUSSEL

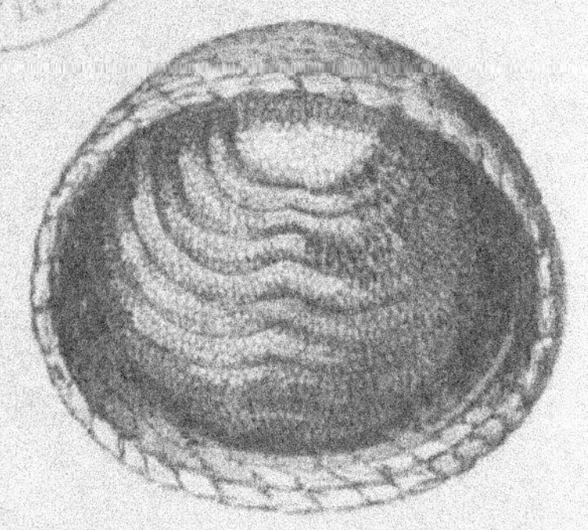

PARIS

GRASSART, LIBRAIRE ÉDITEUR

2, RUE DE LA PAIX, 2

1867

Cet univers manifeste-t-il un ordre? l'ordre révèle-t-il un créateur? c'est la réponse affirmative à cette double question que nous désirons faire sortir de nos travaux.

Mais sur quel point faudra-t-il porter nos regards? indifféremment sur le cèdre et sur l'hysope, sur l'astre et le grain de sable. Il suffit de regarder de près et attentivement la création pour y voir briller jusque dans les coins les plus obscurs le nom de Dieu.

L'important n'est pas de tout voir, mais de bien voir.

Cette persuasion nous a donné la hardiesse de toucher à des sujets que nous aurions dû, au point de vue scientifique, laisser à d'autres. Nous ne nous sommes préoccupé que d'une pensée : manifester la sagesse et la bonté de Celui qui a créé les cieux et la terre. Nous l'essayons aujourd'hui sur *les Abeilles* comme nous l'avons tenté naguère sur *les Fourmis*, et nous espérons le faire encore sur des objets plus élevés.

LES
ABEILLES

PREMIÈRE LETTRE

Jules, Jules, viens voir!

— Qu'est-ce donc?

— Un raisin.

— Quoi! un raisin en mai?

— Oui, un raisin noir.

— Mais où?

— Près de la treille du jardin.

— Impossible! un raisin noir, sur un
cep de raisin blanc?

— Je te dis qu'il est noir et qui plus est c'est une grappe vivante! chaque grain remue...

— Oh! pour le coup c'est trop fort! Un raisin en mai, soit! Un raisin noir sur un cep de blanc, soit encore! Mais un raisin vivant... voyons!

Ce disant, j'accompagne mon jeune frère au jardin et je vois en effet suspendue à une plante grimpante une grappe noire dont tous les grains s'agitent; seulement ces grains noirs et vivants étaient autant d'abeilles groupées ensemble. Une telle grappe valait la peine d'être cueillie. Comment faire? Il n'était pas prudent d'y toucher! mille aiguillons pouvaient se tourner contre une main téméraire, d'ailleurs je savais qu'un tel raisin ne se laissait pas égrener, et qu'il était plus facile de l'enlever tout entier qu'en partie. J'avisai donc à couper la branche et à l'emporter avec son fruit vivant. Mais où placer cette famille? Je n'avais pas un seul coufflin disponible. Ce dénûment me fit naître une heureuse idée. Une cloche de verre, jadis employée à couvrir des melons pour en faciliter la maturité, avait été mise dans un coin du jardin parce qu'elle était fendue sur plusieurs points, bien que maintenue entière par des bandes de papier collées sur les cicatrices. Je résolus d'en faire une habitation pour mon essaim.

Ce plan me réussit à merveille, cette ruche transparente avait l'avantage de me laisser voir les travaux intéressants de mes abeilles, et ces soudures de papier devaient elles-mêmes fournir la surface

raboteuse nécessaire pour fixer les gâteaux que le verre trop lisse n'aurait
pu retenir.

Je plaçai donc mon essaim sous le globe
de verre et je posai celui-ci sur une table,
dans un bosquet. Enfin je laissai les
abeilles à elles-mêmes, me promettant de
venir les observer le lendemain; mais tu
vas voir que mon jeune frère fut plus ma-
tinal et plus agile que moi.

J'étais à déjeuner lorsqu'il entre en
courant et me jette encore son cri d'hier :

— Jules, Jules, viens voir !

— Qu'est-ce encore ?

— Un feston, une balançoire !

— Est-ce aussi un feston vivant ?

— Tout juste !

— Une balançoire mouvante ?

— Précisément !

— Le tout composé d'abeilles, dis-je en continuant la plaisanterie.

— Oui, oui ; feston vivant, une balançoire mouvante ; guirlande dont chaque fleur est une abeille ; escarpolette qui balance des mouches ! Mais viens donc voir !

Sans trop me presser, je ploie ma serviette et je suis mon frère au jardin. Quelle ne fut pas ma surprise en voyant en effet une abeille accrochée par les deux pattes antérieures à la voûte de mon globe, une seconde abeille reliant ses jambes de devant à celles postérieures de la première, puis une troisième, une quatrième, jusqu'à ce que la corde tressée d'insectes vînt raser la table, et de là se relever pour regagner le plafond ! C'était bien un feston vivant, une balançoire mouvante, fixée par les deux bouts au sommet de la salle.

En voici le dessin.

Feston composé d'ouvrières

Mais l'œuvre n'en resta pas là. Bientôt d'autres guirlandes semblables à la première vinrent se mettre à côté. Je dis à côté et non à la suite; de sorte que tous ces festons, pris ensemble, formaient un rideau mouvant.

En même temps que ces abeilles, ainsi suspendues à la voûte, se mouvaient dans l'espace, d'autres plus petites allaient, venaient, passant par une brèche du verre qui leur servait d'entrée. Aussi agiles que les autres immobiles, elles allaient cueillir dans les champs une gomme rouge dont elles se servaient ensuite pour souder les bords de la cloche à la table, comme le vitrier mastique ses vitres contre nos croisées. Ces abeilles-vitriers bouchaient même tels petits trous, telles fissures imperceptibles qui risquaient sans doute de laisser pénétrer le froid à l'intérieur.

Mais bientôt mon attention fut rappelée vers les guirlandes d'abeilles que je pourrais tout aussi bien qualifier d'échelle ou d'échafaudage, car tu vas voir nos maçonnes en faire usage pour monter et bâtir.

L'agitation commençait à se produire dans cette masse vivante, lorsque je vis une ouvrière sortir tout à coup des rangs et escalader au sommet. Là, au milieu de celles qui se cramponnaient au plafond, elle repousse hardiment ses voisines à droite, à gauche, et se fait faire place ; elle élargit le cercle autour d'elle avec sa trompe, comme nos bateleurs sur la place publique repoussent les gens qui les gênent avant de travailler. Quand l'espace fut libre, notre ouvrière tira successivement de son abdomen des plaques de cire blanche ; car la surface de son ventre est divisée en huit cavités qui reçoivent les sucs de son estomac par la transsudation. Pour me servir d'une image familière, je dirai que l'abeille ressemble en ceci à cet afficheur qui, dans nos rues, tire ses papiers d'un sac placé devant lui ; mais l'abeille, au lieu d'avoir tous ses feuillets de cire réunis, n'en porte qu'un seul dans chacun des huit sacs placés devant elle, et ces plaques de cire se forment là comme des gaufres dans un moule.

Notre ouvrière tira donc cette feuille avec une de ses mains, je veux dire une de ses pattes supérieures, et la mit à sa bouche; puis, avec ses dents en guise de ciseaux, elle la découpa en petites bandes qu'elle fit tomber dans une cavité bordée de poils au-dessous de sa trompe. Ici, la cire morcelée, broyée devint une pâte, et cette pâte finit par sortir de sa bouche sous forme de ruban; enfin ce ruban reprit le même chemin, et la langue lui donna une dernière façon en l'enduisant d'une humeur blanchâtre. Ainsi mâchée, pâtiée, coulée en bande et enduite de colle, la cire fut mise par l'abeille contre la voûte de l'édifice. L'ouvrière plaqua son ruban

de cire au plafond comme l'afficheur colle
son papier contre nos maisons, avec cette
double différence que l'abeille pose sa
feuille sur une surface horizontale, tandis
que l'afficheur colle la sienne contre le
mur perpendiculaire, et tandis que l'homme met ses affiches l'une à côté de l'autre, l'insecte superpose ses feuilles l'une
sur l'autre jusqu'à ce que le tout atteigne
à plusieurs centimètres d'épaisseur.

Si tu m'as bien compris, tu dois te re-
présenter une masse de cire descendant du
plafond au lieu d'y monter. Pour plus de
clarté, je t'en donne le dessin.

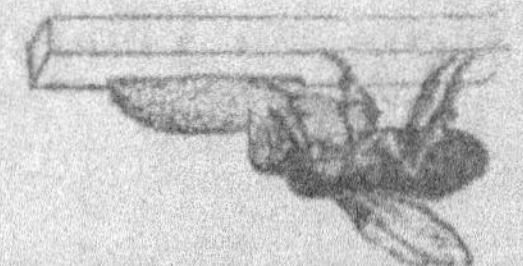

Pose des fondations des cellules

Quand l'abeille eut absorbé à cet emploi tous ses feuillets de cire, elle se retira.

Une seconde vint la remplacer. Celle-ci accomplit la même tâche, et une troisième eut son tour ; ainsi de suite. C'est donc du labeur de plusieurs abeilles que se compose le commencement de mur que je te présente ici.

Quand le travail en fut à ce point, les maçonnes en cire que j'appellerai cirières se retirèrent, et alors apparurent les sculpteurs. Une première petite abeille vint se placer en face du mur ébauché ; et là, de ses dents, creusa dans l'épaisseur de la cire une cavité semblable à celle qu'y produirait un coup d'ongle ; une espèce de cannelure arrondie au bord où la cire était moins épaisse et coupée carrément à celui qui touchait au plafond. Après avoir creusé cet enfoncement, elle amoncela les matériaux tirés du fond sur le bord extérieur ;

si bien que la profondeur de l'excavation croissait de deux manières, en fouillant dans l'épaisseur de la cire et en ajoutant à sa surface; c'était précisément ce que j'avais vu faire à mon jeune frère sur le sable du rivage : d'abord, il avait creusé dans les flancs d'un monticule; et puis, pour allonger sa caverne, il avait ramené vers l'entrée le sable retiré de l'excavation. Je dois dire encore ici que ce ne fut pas une seule abeille, mais plusieurs qui, l'une à la suite de l'autre, accomplirent l'œuvre que je viens de décrire. Il y avait donc entente entre ces divers ouvriers. Mais voici un accord bien plus merveilleux.

Commencement des cellules

Quand l'ouvrière eut ainsi commencé cette alvéole sur un côté de cette muraille, une autre abeille vint se mettre au travail sur son revers. Elle ne vint pas se placer exactement derrière la cavité déjà faite, mais un peu sur la gauche, si bien qu'elle laissa sur sa droite assez d'espace à une troisième ouvrière pour creuser une autre cannelure, et ce qu'il y eut d'admirable, c'est que l'intervalle de ces deux nouvelles alvéoles correspondait avec le milieu de la première creusée sur l'autre flanc. En se plaçant ainsi, nos trois ouvrières ne risquaient pas d'excaver sur les mêmes points et de se rencontrer, ce qui aurait transpercé le mur, et au lieu de trois grottes aurait fait un tunnel.

Une quatrième ouvrière vint se mettre au-dessous des deux qui travaillaient déjà du même côté, en sorte qu'il y avait trois alvéoles d'une part, une seule de l'autre, et les quatre étaient si bien situées qu'évidemment chaque ouvrière avait tenu compte de ses voisines, chacune avait fait concourir son travail particulier à l'œuvre générale. Il y avait agencement, raccord, emboîtage, le tout évidemment prémédité.

Cette harmonie venait-elle de l'intelligence des abeilles? Non, certainement, mais de leur instinct; c'était une science innée. Le véritable artiste ici n'était pas la créature, mais le Créateur.

Je ne veux pas te faire suivre ici tous les travaux dont je fus témoin; je t'en exposerai seulement le résultat.

Le mur de cire fut agrandi en tous sens, on y creusa un second, un troisième, un centième rang d'alvéoles jusqu'à ce que le tout formât un gâteau descendant presque jusque sur la table. Tu dois être surpris de voir les abeilles suspendre leurs travaux au plafond au lieu de les faire reposer sur la table, et sans doute tu te demandes comment un mince filet de cire peut soutenir par son adhérence au plancher un tel poids? Tu as raison; mais tu vas voir que tout a été prévu. Les alvéoles du premier rang dans leur forme diffèrent des suivantes. En voici sans doute la raison. L'alvéole ordinaire a la forme d'un dé à coudre, avec ces différences : 1° le dé se termine en dôme, l'alvéole en pyramide; 2° le dé est cylindrique, l'alvéole est hexagone, c'est-à-dire composée de six côtés formant le rond ; enfin 3° le dé est plus court que l'alvéole. Pour te donner une idée générale, je t'envoie le dessin de

deux alvéoles jointes comme elles le sont
dans la nature.

Jonction des fonds de cellules

Et voici, vu de face, l'ensemble de ces
alvéoles réunies en gâteau. Toutefois, dans

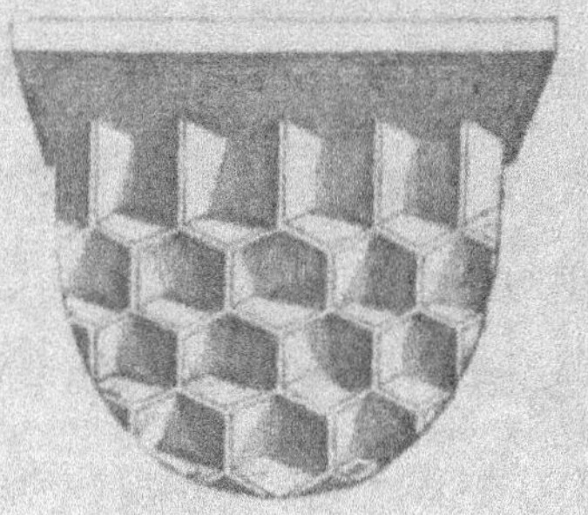

Cellules vues de face

la nature, on trouve les gâteaux moins
uniformes que ce dessin. Les cellules y
sont de diverses grandeurs, et même celles
de reines sont posées perpendiculairement.
Mais je reviendrai sur ce sujet.

L'alvéole ordinaire présente donc six faces et six arêtes à l'extérieur. Comment la fixer au plafond ? Sera-ce par une de ses arêtes aiguës ? Les points de contact seraient trop peu nombreux ; autant vaudrait coller la lame d'un couteau par son tranchant. Fixera-t-on l'alvéole en appliquant au plancher une des six faces ? Mais alors cette face est inutile ; elle est suppléée par le plafond lui-même. Enfin supprimera-t-on cette face de cire et fixera-t-on l'alvéole par les bords des deux plans les plus rapprochés ? Mais ces plans étant inclinés leur adhérence sera faible, et la solidité de l'édifice compromise. Que faire ? Admire le moyen mis en œuvre par le Créateur. Les alvéoles du premier rang qui adhèrent au plafond, au lieu de six pans n'en ont que cinq ; ce qui, par la suppression d'un angle, permet à deux côtés de monter droit et d'aller se poser carrément au plancher. Dès lors, ce n'est plus une arête étroite, unique, mais deux murs qui rattachent l'alvéole à son point de suspension. De la sorte, le travail est diminné d'un sixième et la solidité doublée. Moins de dépense et un meilleur résultat. Ces combinaisons sont-elles dues au manœuvre, à l'abeille, ou bien à l'architecte qui la fait travailler ?

Ce n'est pas tout, et tu vas voir que cette remarque devait me rendre sur ce point plus sage que Buffon !

Tu vois que les cellules du premier rang se lient par leurs pans aux cellules du second, et par leur sommet à celles de derrière ; il y a là des faces communes, des angles complémentaires, si bien que ce premier rang réagit sur les autres et sur le revers du gâteau. Il en est là comme dans la construction de nos édifices, une voûte, un pont. La coupe d'une première pierre détermine la coupe de la seconde ; la taille de la seconde fixe celle de la troisième, ainsi jusqu'à la fin. De même ici tout se lie ; dès qu'une alvéole est faite, l'architecture du gâteau est arrêtée.

C'est peu que toutes les parties de l'œuvre soient liées, si elles ne le sont pas au plus grand profit de l'ouvrière et de l'habitant. Or n'aurait-on pas pu faire les alvéoles rondes pour plus de simplicité ? — Non, car de telles alvéoles auraient laissé des espaces entre elles, et il y aurait eu par conséquent du travail perdu. Représente-toi plusieurs rangs de tonneaux couchés les uns sur les autres ; suppose que chacun soit la demeure d'un Diogène économe; on pourra dire encore : à quoi bon ces intervalles qui séparent les chambres ? Mais entre les cellules d'abeilles point de vides ; partout des murs servant des deux côtés sur toute leur étendue.

Supposé maintenant que les cellules soient triangulaires ; dès lors l'abeille dont le corps est à peu près cylindrique ne pourra plus travailler dans ces angles aigus.

Admettons enfin que cette loge fût un rectangle ou un carré ; alors les vides se fussent trouvés à l'intérieur, entre les parois rectangulaires et les cocons cylindriques ; toujours de la cire et du travail perdu. L'hexagone offre donc seul à la fois le plus d'économie et le plus de solidité.

Il en est de même du fond de la cellule. Un naturaliste avait posé à un habile mathématicien ce problème : « Quelle devrait être la figure du fond des alvéoles pour que les abeilles fussent logées avec toute l'économie possible, c'est-à-dire qu'avec le moins de matière, elles se procurassent les plus grandes cellules possibles ? »

La réponse du savant a été telle, qu'elle est venue cadrer parfaitement avec le travail de la petite mouche qui certes n'avait jamais étudié les mathématiques. Et si ce n'est pas l'abeille qui a tout calculé, n'est-ce pas l'intelligence créatrice ? à moins qu'on ne préfère nier ici l'ordre et le plan !

Eh bien, oui, ce plan primitif d'une sagesse divine dirigeant les abeilles a été nié par Buffon. Cet écrivain prétend qu'il en est de ces alvéoles hexagones tant admirées, comme d'une marmitée de pois qui deviennent dans l'eau chaude des colonnes à six pans ! Par cette comparaison, on voit que ce naturaliste se représente les abeilles créant d'abord un mur épais de cire ; puis, par le fait seul qu'elles y travaillent ensemble avec des forces égales et dans des conditions semblables, produisant des alvéoles identiques. S'il y a six pans à chaque cellule et trois côtés à chaque pyramide, c'est parce que la matière est également pressée de toutes parts par les travailleuses comme les pois dans l'eau bouillante !

Certes, pour quiconque a lu ces quelques lignes sur l'architecture des abeilles, il est évident que le savant prévenu s'est trompé. Il ne faut pas trop s'en étonner ; le plus grand génie a ses passions. Celui-ci n'était peut-être pas exempt d'orgueil ;

il pouvait lui être pénible de s'incliner devant un plus grand que lui. Aussi aime-t-il mieux parler de la nature, de la mécanique, que d'un Créateur personnel et tout-puissant.

La nécessité, l'instinct même est si loin de rendre compte de la construction d'une ruche que les travaux s'en modifient selon les besoins. Les provisions deviennent-elles plus abondantes? Les abeilles allongent les cellules. L'édifice est-il ébranlé?

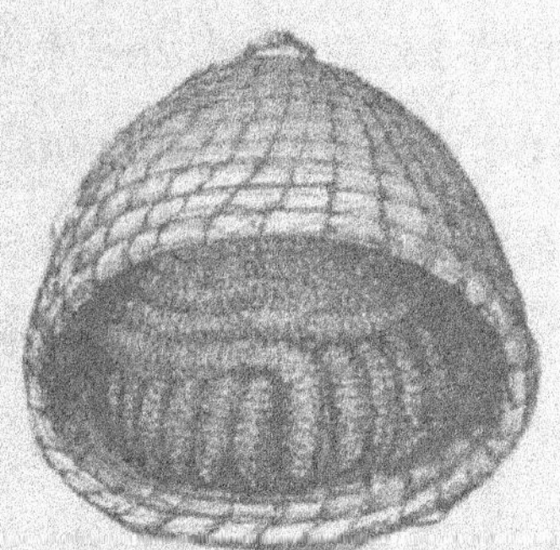

Intérieur d'une ruche

Les ouvrières construisent des murs pour

soutenir les parties chancelantes. Le plan régulier rencontre-t-il des obstacles ? L'abeille le modifie ; elle courbe, tord, élargit, diminue son gâteau pour le continuer.

L'étonnant instinct des abeilles se manifeste d'une manière admirable dans ses constructions. Je ne dirai pas seulement qu'elles créent des cellules grandes, moyennes et petites, selon qu'il leur faut loger telle ou telle classe d'hôtes ; qu'elles interrompent la confection d'une espèce d'alvéoles pour commencer celle d'une autre, juste au moment où ses nouveaux locataires vont venir ; mais je ferai surtout remarquer que pour arriver des grandes loges des mâles aux petites des ouvrières, l'abeille passe par des gradations insensibles. Elle ne fait pas un rang de nids étroits, puis un rang de nids spacieux ; mais elle en façonne de diverses dimensions pour relier les deux extrêmes ; et quand après avoir ainsi progressé des petites aux grandes, elle veut retourner des grandes aux petites, elle arrive à ces dernières par des cellules graduées en sens inverse.

Quand le gâteau se tord, les cellules se rétrécissent vers le fond et s'élargissent à l'ouverture. Quand le mur d'alvéoles est vaste, et qu'il faudrait descendre d'un côté pour remonter sur l'autre, l'abeille crée çà et là des tunnels à travers le gâteau, et par ces chemins de traverse gagne du temps et abrége les travaux. — Que nous voilà loin de la cellule de Buffon, allongée en cylindre à six pans par une action purement physique comme les pois façonnés par la compression !

SECONDE LETTRE

Cher ami ,

Tes abeilles sont d'habiles architectes, ou si tu veux d'habiles maçons. Ta lettre a été pour moi d'un vif intérêt ; mais, je te l'avoue, je suis dans ce moment très-préoccupé d'un édifice plus important que celui de tes mouches à miel.

Les ouvriers mettent la dernière main à la maison que je fais bâtir, et je prends grand plaisir à suivre leurs travaux. Quoi que tu puisses en dire, je trouve mes peintres, mes sculpteurs, supérieurs à tes insectes.

Si tu pouvais voir le bon effet de mes tentures à baguettes dorées, de mes vernis mats et brillants, de mes parquets cirés, de mes voûtes souterraines, construites à la chaux hydraulique, etc., etc., tu serais comme moi dans l'admiration. J'avais d'abord une crainte. Par l'effet du tassement, un mur s'était lézardé ; un moment, j'ai cru que ma maison neuve allait crouler ! Mais loin de là, et c'est ici le triomphe de mes ouvriers. Des brides de fer en forme d'esse ∞ ont été posées çà et là ; dès lors, l'édifice n'a plus bougé, et l'architecte le déclare aujourd'hui aussi solide que s'il n'avait jamais été menacé. Pendant les jours froids, les travaux de maçonnerie ont été suspendus ; les murs inachevés ont été couverts de paille pour les mettre à l'abri de la gelée ; tout a bien réussi, et nous avons achevé l'œuvre ce printemps. Tu peux venir nous voir dans notre nouvelle habitation.

TROISIÈME LETTRE

Cher ami,

Tes maçons sont adroits, ton architecte est habile, je le reconnais ; tes vernisseurs et tes peintres sont hommes de goût ; toutefois, permets-moi de le dire aussi, mes abeilles pourraient leur donner des leçons. Tu vas en juger.

Puisque tu as fait bâtir, tu as vu les maçons, après avoir construit les murs, passer sur les surfaces d'abord un tranchant de fer, ensuite un plateau de bois, enlever ainsi les aspérités et rendre les murailles assez unies pour recevoir le plâtre destiné à leur donner un dernier poli. Eh bien ! ce travail d'achèvement, j'ai vu mes abeilles l'accomplir hier avec délicatesse et perfection. Après avoir construit leur six pans de cire, elles sont revenues sur leur œuvre, et se servant de leurs dents plates et tranchantes comme d'une truelle ou d'un carreau, elles ont raboté les rugosités, ratissé les raccords anguleux et parachevé de la sorte leur logement. Ce n'est ni ton plâtre ni ton vernis qu'elles ont appliqués sur la surface ainsi polie ; c'est une gomme rose, plus fine et plus jolie que toutes tes colles de farine ou de poisson ; mais il vaut la peine de te décrire .es petites manœuvres d'une abeille que j'ai suivie dans ses travaux.

Après avoir bien égalisé avec ses dents tous les angles de sa cellule, notre ouvrière sortit à reculons et vint saisir de ses antennes dans un monceau de résine mis à sa portée par ses compagnes un filet de cette pâte, et d'une vive secousse de tête, elle le détacha de la masse comme une couturière arrache une aiguillée d'un peloton embrouillé; ensuite, traînant ce fil brillant après elle, notre abeille rentra dans sa cellule. Elle vint au fond, appliqua un des bouts de cette bande rose dans un angle et l'étendit comme un tapissier pose dans une encoignure de nos chambres une baguette de bois ou un cordon de laine. La baguette et le cordon du tapissier ne sont qu'un ornement, mais le fil de gomme mis là par l'abeille est d'une véritable utilité; car, en fortifiant la cire sur le point anguleux où pourraient s'ouvrir des fissures, il empêche l'humidité de pénétrer dans la demeure. Tu vois que nous ferions mieux d'imiter les abeilles que des hommes pour calfeutrer nos maisons.

Mais ce n'est pas aux angles que s'arrêtèrent les précautions contre les fentes et l'humidité. Une fois ce travail accompli, l'abeille en fit une autre analogue sur les parois elles-mêmes. Elle tira de son corps un vernis dont elle couvrit les six pans dans toute leur étendue, si bien qu'au lieu de murs tapissés de papier peint, elle eut des parois vernies en jaune pâle, avec encoignures ornées d'une baguette d'or.

Ton tapissier a-t-il mieux décoré ton salon ? Mon abeille va lui donner maintenant un exemple d'économie. Ton ouvrier, après avoir coupé sa bande de papier, en jette le reste au loin. Mon abeille fait mieux : comme son fil était plus long que la cellule, elle détacha d'un coup de dent le surplus ; et quand elle en vint à poser un second cordon dans un autre angle, au lieu d'aller prendre au monceau de gomme, elle commença par appliquer ce qui lui restait du premier. Voilà de la sagesse ! si au lieu de gaspiller nos biens comme nous le faisons souvent, nous en avions toujours recueilli les parcelles négligées, nous serions aujourd'hui moins à blâmer et les indigents moins à plaindre. Que de miettes nous laissons tomber, qui, ramassées, pourraient aider à nourrir et à vêtir des Lazares mourant petit à petit de froid et de faim !

Voilà ce que dit mon abeille à ton tapissier.

Mais nous ne sommes pas au bout de nos comparaisons. Tu m'as parlé de clef de fer en forme d'esse pour réparer les lézardes du tassement ou les maladresses du maçon. Mes abeilles font quelque chose de semblable quand le besoin s'en présente. Par exemple, qu'un accident brise un de leurs gâteaux, ou qu'une riche récolte de miel les oblige d'agrandir leurs greniers ; elles trouveront remède à tous ces maux. La résine appelée propolis qu'elles vont cueillir dans les champs leur sert à mastiquer les parties qui se détachent. Bien mieux : le printemps amène une surabondance de fleurs dont l'abeille veut profiter pour bâtir et pour s'approvisionner; mais par lequel commencer ? Si l'on construit uniquement, on risque de manquer de nourriture ; si l'on ne s'occupe que d'amasser du miel, où le mettra-t-on sans cellules ? L'abeille obvie aux deux dangers en faisant tout marcher de front : elle commence l'alvéole sans l'achever, afin de pou-

voir se livrer à sa récolte ; mais comme il
faudra reprendre cette construction inter-
rompue, elle en couvre le bord d'une
gomme qu'elle retirera quand elle vou-
dra compléter sa demeure, comme les
ouvriers en hiver ont couvert leur mur
avec de la paille qu'ils ont enlevée au
beau temps quand ils ont voulu le ter-
miner.

Enfin il n'est pas jusqu'à la chaux hydraulique dont l'invention n'ait été devan-
cée par notre mouche à miel. Comme
nous, les abeilles ont dans certains cas
besoin de plus de solidité pour leurs constructions. Dans les travaux ordinaires, la
cire, le propolis et l'écume de leur bouche
leur suffisent ; mais pour des œuvres
exceptionnelles, il leur faut un autre mortier ; elles mêlent à cette résine une matière

gluante puisée dans leur sein, et du tout en font un ciment supérieur.

Il y a plus : on a vu des abeilles, privées de matériaux, rogner leurs propres cellules pour consolider la maison. Une ruche était tellement surchargée de miel vers la fin de la belle saison qu'elle risquait de se détacher. Un appui fut jugé nécessaire ; mais où prendre de la cire en automne ? Nos abeilles s'en passèrent et voici comment : elles vinrent raccourcir les plus longues de leurs cellules ; et, de ces rognures, nos industrieuses ouvrières construisirent le mur de soutènement. C'est un maçon, qui, voyant sa maison menacer ruine, et se trouvant sans bois ni pierres, détache les ornements extérieurs, les descend dans les caves et les transforme en étais de fondation. Ce n'est plus là de l'instinct, c'est bien de l'intelligence, montrant que si les animaux ne jouissent pas de la raison, ils sont cependant doués de facultés suffisantes pour atteindre leur but, même hors des circonstances ordinaires, même à travers des difficultés imprévues.

QUATRIÈME LETTRE

Cher ami,

Je l'avoue, tes abeilles valent mes peintres et mes maçons, voire même mon architecte ; et si j'en avais la patience, j'aimerais les suivre comme toi dans leur industrie.

Au reste, je suppose que tu m'as appris ce qu'il y a de plus curieux, les découvertes les plus récentes ; et tout le monde sait le reste. L'abeille court de fleur en fleur, ceuille le nectar de leurs calices, les poudres d'or de leurs étamines ; de ce nectar elle fait du miel, de cette poudre elle construit sa demeure. Je le répète, chacun sait cela, et comme moi en est heureux.

3

Le miel est si doux, son parfum si suave...
Aussi je t'en promets un beau rayon à déjeuner lorsque tu viendras voir ma nouvelle habitation.

Adieu ; à bientôt.

CINQUIÈME LETTRE

Cher ami,

Je suis bien fâché de te contredire ; mais
tant s'en faut que j'aie épuisé mon sujet.
Tout le monde sait, dis-tu, que l'abeille
fait le miel avec le nectar des fleurs et bâtit ses rayons avec la poudre de leurs étamines. Eh bien, ne t'en déplaise, ce monde-
là se trompe : les abeilles ne fabriquent
pas le miel ; elles ne construisent pas leur
habitation avec la poussière des fleurs.
Tout se passe bien différemment, et si tu

veux m'écouter, je t'épargnerai la peine de suivre de tes yeux leurs travaux en t'exposant ici ce que moi-même j'ai vu.

Ouvrière

D'abord, il faut savoir que ces abeilles ont quatre ailes, car leur grande affaire c'est de voler ; et qu'elles possèdent six pattes : deux en avant qui servent de bras ;

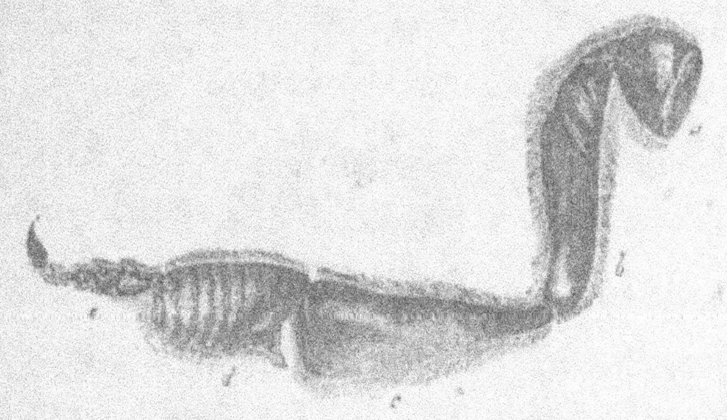

Patte de derrière d'une ouvrière
a hanche ; b cuisse ; c tibia où se trouve la cavité ; d, e, pied.

deux au milieu qui supportent plus parti-
culièrement le corps, et deux en arrière,
munies chacune d'une corbeille pour rap-
porter la moisson faite aux champs.

Ce n'est pas tout ; nos ouvrières sont
encore pourvues de deux antennes qui valent mieux pour elles que nos cinq sens
réunis, car lorsqu'elles les ont perdues par
accident il ne leur reste qu'à mourir !
Palper, mesurer, juger, tout cela se fait
par les antennes et le corps n'exécute rien
que les antennes n'en aient reconnu la nécessité.

Tête d'abeille

Enfin, nos abeilles sont encore dotées
d'une trompe longue et flexible. Voilà donc

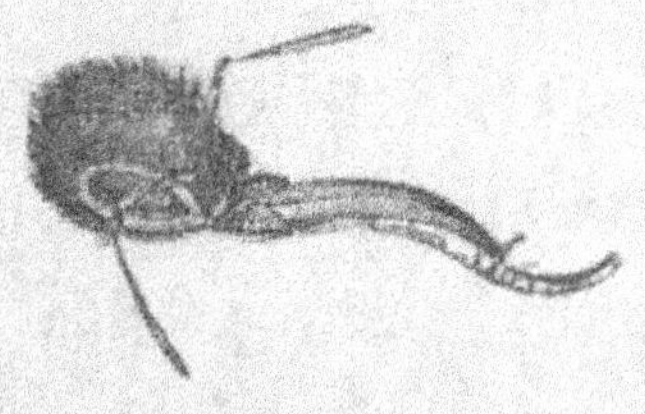

Trompe

neuf membres qui palpent et saisissent,
alors que nous, pour prendre, nous n'avons
que deux mains. Il y a mieux encore. Tandis que l'homme naît faible, incapable de
se suffire à lui-même, n'ayant pour défense
que ses cris, l'abeille naît armée d'un
glaive empoisonné qu'on appelle aiguillon.
Ainsi, ouvrière et guerrière, munie de
pieds comme l'homme, d'ailes comme
l'oiseau, d'antennes comme la fourmi, de
trompe comme l'éléphant, l'abeille, en
éclosant, est l'être le mieux partagé ; elle

peut, à son choix, vivre libre dans les airs ou dans un palais, abreuvée de miel, au sein de nombreux amis.

Tu vois que la pauvrette n'est pas à plaindre et qu'il vaut bien pour nous la peine d'étudier la source de sa grandeur. Je commencerai en rectifiant quelques idées reçues par le vulgaire à son sujet.

Tu me dis : tout le monde sait que l'abeille fait le miel. Mais pas du tout ; elle ne le fait pas ; elle le cueille tout fait. Elle va le chercher dans le nectaire des fleurs, elle le pompe, le place dans son premier estomac et vient le dégorger dans les magasins de la ruche. Quand une alvéole est pleine, l'abeille fabrique un couvert de cire, l'y applique, en soude les bords, et voilà un baril de provisions pour l'hiver. Ainsi, ce n'est pas l'insecte, c'est le Créateur qui nous donne le miel tout préparé. L'abeille vient se poser sur une fleur, elle sait qu'au fond du calice se trouve de petites glandes remplies du précieux liquide ; elle y enfonce sa trompe garnie de poils, en lèche, balaye et emporte le contenu. Quand l'état de la fleur est tel que le réservoir de miel n'est pas accessible par le haut, certains bourdons font encore mieux : ils passent dessous, perforent la fleur à la base de la corolle, y insèrent leur trompe et pompent la douce boisson. Ces pillards n'insinuent pas leur trompe dans le calice comme l'abeille, pour y boire délicatement, mais ils percent le tonneau et le vident d'un seul coup.

Quant à la poussière récoltée sur les étamines des fleurs, elle ne sert ni de mortier, ni de sable, ni de pierres pour con-

struire ; cette poussière travaillée sera dé-
posée au fond de la cellule, à côté de l'œuf
d'où sortira le ver qui doit s'en nourrir.

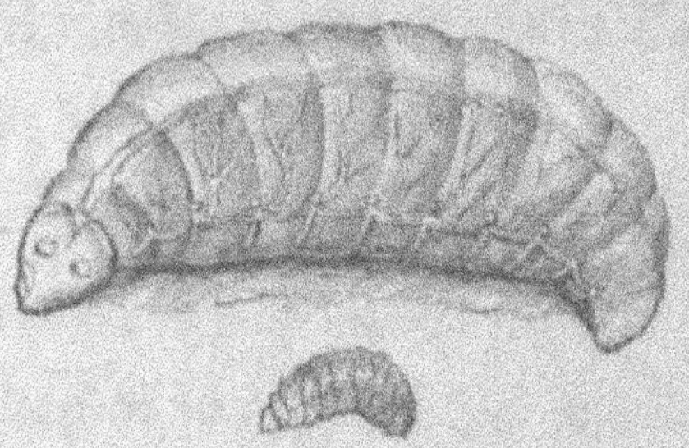

Larve royale grossie (et sa grosseur réelle)

Ce ver ainsi nourri se transforme en nymphe. Les nourrices mêlent à cette pous-

 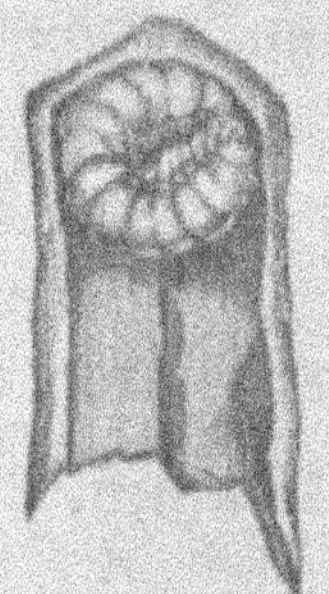 

L'œuf dans la cellule   Le ver dans la cellule   Nymphe

sière, pour en faire un aliment, certains sucs

qui le rendent plus ou moins nutritif ; mais cette confection est pour nous un mystère.

Les propriétés de cette nourriture sont vraiment merveilleuses : selon qu'elle est préparée et dans la mesure de son abondance, elle donne plus ou moins de stature. Selon sa qualité et sa quantité, le même insecte peut devenir deux ou trois fois plus grand.

Cette nourriture élève en rang dans la société : tel ver qu'on en prive reste simple ouvrière, tel autre qui s'en gorge devient reine !

Reine (ou mère abeille)

3.

Enfin, chose étrange ! cette nourriture influe sur la fécondité ; si bien qu'elle transforme un nourrisson, d'abord destiné à devenir une femelle stérile, en une mère qui aura trente mille enfants ! Entends-tu bien ? Je dis trente mille enfants !

Pour être complet, je dois ajouter qu'à la nourriture de choix se joint l'habitation d'élite. Oui, pour produire cette mère fécondé il faut, non-seulement changer ses aliments, mais encore élargir son berceau. Aussi dans ce but les abeilles le font-elles infiniment plus vaste que les cellules ordinaires.

Les aliments ne créent donc pas le sexe, ils le développent, et c'est ici une trace de plus de la marche régulière de la nature. Ceux qui pensent que les espèces d'êtres peuvent se transformer les unes en les autres et que le fils d'un singe et d'une guenon a pu devenir un homme, étaient bien aises d'alléguer cette pâtée qui d'un ver neutre faisait sortir une femelle ou un mâle. Cette mutation de sexe leur semblait un argument en faveur de la transformation du poisson en oiseau et du quadrumane en homme. Malheureusement pour leur cause, même cette demi-preuve n'existe pas. Une simple jeune fille a reconnu, dans ces prétendus neutres, les ovaires, signe distinctif du sexe féminin. Il n'y a donc chez les abeilles ni trois sexes, ni un seul, mais deux, comme chez tous les êtres vivants. Ainsi la règle est générale et l'ordre brille partout.

Mais je prévois de ta part une objection. Tu me diras : puisque la poussière des fleurs ne fournit pas la cire de la ruche, de quoi donc cette cire est-elle faite ? Cette cire est formée de miel, de miel pur ! Cela te surprend peut-être ; il te semble étrange qu'on change le doux nectar en insipide mortier ; tu juges sans doute qu'il est dommage de métamorphoser l'or en cuivre, le miel en cire ? mais ne prononce pas sans entendre.

L'abeille, de son miel cueilli sur les fleurs, a quatre emplois : 1° elle en mange chaque jour ; 2° elle en remplit ses magasins comme provision d'hiver ; 3° elle en nourrit la reine même avant son éclosion ; 4° enfin elle en fait de la cire. C'est de cette transformation que je vais te parler.

Afin de construire en cire, les abeilles commencent par aller cueillir du miel. Au retour elles restent vingt-quatre heures

sans agir. La cire pendant ce temps se con-
fectionne dans leur corps et elle en sort,
non pas en pâte par leur bouche, non pas
en liquide par toute autre ouverture, mais
elle sort de l'abeille en plaques faites au
moule et ce moule est le dessous de l'abdomen (pour ne pas dire du ventre) de
l'abeille. Cette surface est divisée en huit
compartiments qui sont autant de labora-
toires à cire, et qui sont fermés à l'extérieur par une porte se soulevant comme
une écaille. Quand la cire a reçu là sa
forme et sa consistance, l'abeille entr'ouvre
ce moule, y introduit une des pattes de devant, en tire la feuille de cire et la découpe
avec les dents.

N'est-il pas admirable de voir sortir
d'une substance unique, non-seulement la
nourriture pour l'hiver et pour l'été des

jeunes et des vieux, mais encore, et surtout,
une substance toute nouvelle, toute diffé-
rente? N'est-il pas surprenant que du nectar
de la fleur l'abeille puisse tirer à la fois
ses aliments et les murs de sa maison ? On
retrouve ici Celui qui du même astre nous
éclaire et nous réchauffe, mûrit nos mois-
sons et réjouit nos esprits. Oui, c'est à cela
qu'on reconnaît le divin artiste, que d'un
même atome il extrait des biens précieux
et variés. Quelques progrès encore et la
science confirmera ce qu'on soupçonne
déjà, que d'un même principe sortent lumière, chaleur, magnétisme, électricité;
que la matière est unique; que les différences qui nous semblent si profondes ne
sont en réalité que des formes diverses,
des agrégats plus ou moins denses d'a-
tomes identiques, manifestant à la fois la

simplicité et la sagesse des moyens mis en
œuvre par le Créateur.

SIXIÈME LETTRE

Cher ami,

Tes abeilles m'émerveillent; une mère
qui a trente mille enfants, des enfants qui
nourrissent leur mère, voilà certes du nouveau. Mais je t'avoue que je m'étonne un
peu de ne pas t'entendre parler de leur
reine. J'ai ouï dire des choses si étranges
à ce sujet que je serais bien aise qu'elles
me fussent confirmées par un observateur
aussi scrupuleux que toi. Est-il vrai qu'une
mère abeille règne sur la ruche entière,
que ses sujets lui obéissent, lui rendent
des hommages, lui font la cour, la sui-

vent comme une princesse, et qu'il n'y a pas de souveraine dans le monde entourée d'une plus brillante auréole de gloire ?

S'il en est ainsi, voilà la royauté établie par la nature. Nous n'avons plus qu'à suivre cet exemple et à transformer toutes les républiques en monarchies. Tu vois que les conséquences vont loin ! J'attends donc ta réponse avec impatience ; mais avec plus d'impatience encore ta visite en mon noble castel. Je t'avoue que c'est surtout depuis que j'ai presque un palais que je penche pour l'aristocratie.

Tout à toi.

SEPTIÈME LETTRE

Cher ami,

J'en suis fâché pour ton château et pour tes velléités d'autocratie ; mais les abeilles ne viennent pas te donner raison. Ces hommages, cette cour, cette royauté qu'on attribue aux abeilles pourraient bien n'être que des rêves d'hommes atteints d'ambition. Au reste, tu vas en juger.

Et d'abord, il n'y a parmi les abeilles point de race royale ; la même femelle est mère de la reine, des ouvrières et des mâles ; enfin, mère de toute la nation : du peuple et du monarque. Personne ici ne peut donc dire : je suis prince du sang, ou, si tu veux, tous ont le droit d'y prétendre, ce qui revient à la parfaite égalité.

Ensuite, remarque que cette reine n'est pas appelée au trône dès sa naissance, car il y a parfois vingt prétendantes à son poste, également autorisées. Si ces vingt compétitrices éclosent en même temps, le peuple ne fait pas d'élection ; les aspirantes au trône se battent entre elles jusqu'à ce qu'une d'elles reste victorieuse. Les dix-neuf cadavres des reines manquées sont jetés dehors, et la survivante, délivrée de ses rivales, a plus de chances mais non plus de droit de régner.

Cette jeune prétendante se promène, va, vient dans la ruche sans que le populaire daigne y faire attention; elle n'obtient ni plus d'égards ni plus d'honneurs que la dernière travailleuse; on lui marche sur les pattes, on lui passe sur le corps comme au plus humble des manants. Aussi longtemps qu'elle est vierge, la future princesse n'est rien. Cette conduite de la population tout entière nous fait pressentir ce que veut la république : ce n'est pas une reine, c'est une mère.

En effet, la femelle survivante cherche

la porte, sort de la ruche, prend son vol
et revient fécondée... Les abeilles le re-
connaissent à un signe physique, visible,
certain. Dès lors, tout change. Les abeilles
respectant en elle, non la grande dame,
mais la mère future, elles lui donnent à
manger, la suivent partout, la préservent
d'accident et même se sacrifient pour lui
conserver l'autorité. Si une autre prétendante survient, elle est battue, chassée,
et, en cas de résistance, étouffée! Il y a
donc dévouement de tout le peuple, mais
dévouement pour la mère qui porte
en elle des travailleuses utiles, et non
pour son titre de reine que nous, hommes,
lui avons octroyé et que les abeilles n'ont
pas ratifié. Voici quelques autres faits qui
viennent à mon appui.

Les abeilles cirières construisent, non

pas une, mais plusieurs cellules de femelles et ne font aucun choix entre celles-
ci. Toutes ces *dauphines* sont couvées, nour-
ries avec les mêmes soins, je dirai même
avec d'égales défiances. Comme le peuple
ne sait pas encore laquelle régnera, il les
garde, les nourrit, non par affection, mais
par besoin de se procurer une mère féconde. Si une des prétendantes, encore
dans sa cellule close, fait effort pour en
sortir plus tôt qu'il ne convient aux ouvrières, celles-ci viennent mettre des brides
à sa porte pour la tenir fermée ; si bien
que la prétendue reine n'est en réalité
qu'une prisonnière. Les abeilles savent
que si elle sortait de son nid elle irait
chercher dispute à ses compétitrices, détruire leurs cellules et leur donner la mort.
Ainsi, les chances de maternité seraient

réduites; or, ce sont précisément ces chances que les abeilles veulent conserver.

Cependant la peuplade en liberté est quelquefois si petite et les prétendantes à éclore sont si nombreuses, que les ouvrières ne suffisent pas à faire la garde autour de tous ces berceaux. Une ambitieuse plus développée que ses rivales perce son cachot, s'échappe, et fond sur les autres prisons cellulaires pour y lancer des coups de dard empoisonné. Alors ce même peuple, qui plus tard la vénérera comme mère, s'oppose à ces massacres et défend l'approche de ces berceaux dont il veut conserver les royaux nourrissons. Ce n'est pas plusieurs reines que désirent s'assurer les ouvrières, mais des chances plus nombreuses de ne pas manquer de la seule mère qu'il leur faut pour prospérer.

L'indifférence du peuple sur la question qui trônera se manifeste encore d'une étrange manière. Il leur faut une mère quelconque, mais non pas deux. Suppose que plusieurs femelles éclosent à la fois. Les ouvrières ne favoriseront ou n'attaqueront ni les unes ni les autres ; car divers partis risqueraient de se former et de s'entre-déchirer, sans qu'il en résultât du bien pour personne. Les ouvrières ne tuent donc jamais les reines, ni futures, ni régnantes ; mais nous allons voir celles-ci se livrer des combats jusqu'à ce qu'il n'en reste qu'une seule, et sans que cette dernière puisse jamais succomber !

Je l'ai dit, la première femelle sortie de son nid se dirige aussitôt sur les autres cellules royales, pour y mettre à mort ses rivales déjà vivantes ou pour déchirer leur cocon ; ce qui revient au même en les empêchant d'éclore. Si deux femelles s'échappent en même temps de leur prison, elles se cherchent, se rencontrent et se livrent combat. Une succombe-t-elle ? la victorieuse en poursuit une troisième qui doit vaincre ou périr à son tour, et cette lutte se renouvellera jusqu'à ce qu'enfin il ne reste plus que deux prétendantes. Ces deux dernières sont-elles fatiguées de carnage et se donnent-elles quelque trêve ? aussitôt les ouvrières les entourent, s'opposent à leur retraite et les ramènent en présence de leur ennemie. Si les ouvrières ne tuent jamais leurs reines, elles les contraignent à se battre ainsi jusqu'à ce que la dernière survivante puisse régner en paix.

Mais pourquoi les abeilles ne veulent-elles avoir qu'une seule reine ? Pour un

motif bien simple : c'est qu'une seule
suffit. Cette raison de suffisance, cette
économie de force me frappe plus que
je ne saurais le dire, j'y vois l'indice
d'une sagesse suprême. Dieu ne fait rien
d'inutile ; où *un* suffit, il ne met jamais
deux ; cela est vrai du soleil comme de
l'abeille et de la fourmi.

Tu me diras peut-être : si Dieu ne veut
qu'une reine dans une ruche, n'est-ce
pas pour éviter les divisions ? C'est possible ; mais j'aime encore mieux la première raison, une reine suffit ; c'est plus
simple ; rien d'inutile ; tout a son rôle
déterminé, sa place nécessaire. Le plan se
manifeste et révèle un ordonnateur.

Mais s'il ne faut qu'une reine, il n'en
faut pas moins d'une ; il importe donc d'é-
viter que les deux dernières rivales puis-

sent s'entre-tuer. En général les deux combattantes visent à monter l'une sur l'autre,
comme deux coqs qui se déchirent en
combattant. Seulement, au lieu d'un bec
en tête, comme le coq, l'abeille porte en
queue un aiguillon, et quand elle a saisi
son ennemie avec les dents à la jointure
d'une aile, elle se recourbe, ramène son
ventre en demi-cercle et lance son dard
empoisonné au défaut de la cuirasse. Le
coup est toujours mortel, et il faut même
que la victorieuse ait la précaution de
retirer son glaive en spirale pour ne pas
succomber aussi.

Mais il arrive parfois que les deux combattantes, de même force et d'égale adresse, se
saisissent mutuellement sur le même point.
Ainsi, en se prenant l'une l'autre par les
antennes, elles sont conduites à se serrer

entre leurs pattes correspondantes ; les deux ventres vont se toucher, les deux aiguillons sortir et les deux adversaires succomber. Dès lors, il n'y aura plus de mère, plus d'abeilles, et la ruche risque d'être anéantie ! Mais, ô merveille, au moment où les deux abdomens se rapprochent, les deux lutteurs se lâchent, se fuient et l'avenir est sauvé ! Ces deux rivales reviendront d'elles-mêmes au combat ; si elles n'y revenaient pas, les ouvrières les y contraindraient ; mais quand ces deux combattantes, qui se sont séparées plutôt que de se donner mutuellement la mort, se saisiront de nouveau et arriveront au même contact qui les menacent d'un mutuel triomphe, elles se lâcheront encore et sauveront ainsi la future génération.

N'est-ce pas admirable? Ne voit-on pas là le doigt du Créateur? Oui, la mort des deux serait aussi funeste que leur conservation; tout est donc disposé pour qu'une seule succombe et qu'une seule survive. Enfin, dernière manifestation de la sagesse divine, les sujettes vont elles-mêmes compléter l'œuvre de leur souveraine. Une reine étrangère pénètre-t-elle dans la ruche? Les ouvrières ne la tuent pas; elles ont reçu de la nature, nous l'avons vu, l'instinct de conserver celles qui peuvent leur donner des aides; mais si les plébéiennes ne détruisent pas cette intruse, du moins elles la serrent de près et l'importunent jusqu'à ce qu'elle prenne le parti de se retirer. Le peuple semble dire à cette seconde reine: « Nous respectons votre rang; mais sortez! » Ainsi, selon

les circonstances, les ouvrières favorisent
ou contrarient le combat des compétitrices au trône. Celles-ci sont-elles deux,
dix, vingt? qu'elles se battent tant qu'elles
voudront, la nation n'en prendra pas
souci. N'y en a-t-il plus qu'une seule? le
peuple entier se dévoue pour la sauver!

Je te le demande : est-ce la mère ou la
reine que l'on conserve ainsi? Ce ne sont
donc pas là des hommages que la multi-
tude rende à sa souveraine, mais une
nécessité que la nature impose à la foule
des stériles envers la femelle qui seule
peut être fécondée et donner à la ruche
des travailleuses, à la race une postérité.

L'intérêt présent et la prospérité future
de la nation, voilà donc les seuls mobiles
qui déterminent la conduite des abeilles;
aussi allons-nous les voir manipuler la

royauté, non selon leur caprice, mais selon leur besoin.

Je suppose les abeilles d'une ruche en trop petit nombre pour qu'un essaim ne puisse pas s'en séparer sans danger pour les restantes; que feront-elles pour s'opposer à un départ? Elles se borneront à ne point construire d'habitation royale. Sans cellule princière, point d'éclosion de reine; dès lors, point d'essaim; car une colonie ne s'éloigne jamais sans avoir à sa tête une mère féconde.

Je suppose, au contraire, nos abeilles trop nombreuses dans leur ruche, que feront-elles pour s'y mettre à l'aise? Elles façonneront plusieurs grandes cellules, laisseront sortir les nymphes et empêcheront les reines écloses de s'entre-tuer. Elles retiendront l'une en mettant une bridecadenas à la porte de son berceau, détourneront l'autre du combat, et finalement les reines, devenues ainsi surabondantes, se décident à quitter la maison trop pleine. Elles entrent alors dans une agitation qui rend le séjour de la ruche insupportable, et une partie de la population suit la princesse dans son émigration.

Suppose encore que la reine soit morte ou partie, et qu'il n'y ait aucun ver de sa race pour la remplacer ; crois-tu que nos abeilles vont dépérir privées de monarque ? Du tout ; elles en fabriqueront dix, vingt, et cela sans aucun ver de noble origine. Elles pétriront des reines sans pâte royale. Ceci est digne d'attention.

Je l'ai déjà dit, bien que les ouvrières soient stériles, elles n'en sont pas moins

des femelles par nature ; femelles avortées, il est vrai, mais enfin des femelles.
Pour leur donner la fécondité, il suffit de
s'y prendre à temps, c'est-à-dire dès le
berceau. Le peuple choisit donc un ver
d'ouvrière, agrandit sa cellule, améliore
sa nourriture et voilà un monarque tout
fait! Une ouvrière mieux logée et mieux
nourrie devient une véritable reine! bien
plus, une véritable mère, car dès lors elle
est féconde!

Ce ver privilégié a-t-il été élu parce
qu'il était plus digne que les autres, ou
bien est-ce par affection qu'on l'a choisi?
Du tout, on prend quelquefois vingt de
ces œufs plébéiens et l'on façonne vingt
compétiteurs au trône. Quand le temps
viendra on favorisera l'un, on abandonnera l'autre. Non pas selon la fantaisie

de la foule, mais selon que les nymphes
royales plus ou moins vigoureuses se
hâteront d'éclore; que l'une, plus forte,
brise la porte de sa prison, c'en est assez
pour qu'on lui fournisse l'occasion de
tuer ses rivales et de régner seule sur la
nation.

Ainsi les abeilles créent, nourrissent,
servent leur reine, non pour son plaisir,
mais pour leur profit. Et ne les accuse pas
d'égoïsme, car de la sorte chacune travaille pour toutes. Au reste, remarque
que les abeilles qui ne tuent jamais leur
reine! ne lui retirent jamais non plus la
couronne; elles la créent ou ne la créent
pas; elles la protégent ou l'abandonnent
avant qu'elle soit féconde. Quand cette
reine sera de trop dans la ruche, le peuple
la priera de partir, et cela sans la maltrai-

ter, simplement en ne s'en occupant pas.

N'est-il pas évident que tout cela ne vient pas des profondes méditations d'une mouche, mais de la sagesse d'un Créateur?

Tu le vois, le peuple ici n'est pas fait pour la reine, mais la reine pour le peuple; sa seigneurie est appelée, non à trôner, mais à servir.

On reconnaît là l'esprit de Celui qui a dit : « Vous m'appelez maître et seigneur; vous avez raison, car je le suis; et toutefois, je suis venu pour vous servir! »

Toi donc, cher ami, qui dans ton noble château demandes à la nature un modèle d'aristocratie, le voici : Devenir le premier, c'est être serviteur!

HUITIÈME LETTRE

Cher ami,

Tu crois sans doute avoir rabaissé mes prétentions à l'aristocratie? Sans t'en douter tu as au contraire relevé mon orgueil. J'étais, je te l'avoue, quelque peu vexé de voir une reine et non pas un roi mise par la nature à la tête du peuple des abeilles. Bien que ce ne soit là que des mouches, cela ne laissait pas que d'avoir quelque chose d'humiliant pour les hommes; mais après tes explications, je me trouve vengé! Cette reine obéit! l'honneur du sexe masculin est sauvé. Parle-moi donc des mâles dans ta prochaine lettre, et n'oublie aucune des marques de leur dignité.

NEUVIÈME LETTRE

Cher ami,

Hélas, tu tombes de Charybde en Scylla! Si chez les abeilles le monarque femelle est, dans certaines occasions, sous la dépendance du peuple, les mâles y sont bien plus à plaindre! On les tolère aussi longtemps qu'on en a besoin, et puis... Mais prenons les choses par le commencement.

Faux-Bourdon (ou abeille mâle)

D'abord, la nature a refusé aux mâles l'arme terrible qu'elle a donnée aux reines et aux simples ouvrières, si bien que, dans cette race, toute femelle porte le glaive et tout mâle est désarmé.

C'est de mauvais augure, et cet augure ne sera pas trompeur. Ainsi, comme il n'y a qu'une reine et qu'elle choisit son mari sur un millier de prétendants, tous moins un sont donc condamnés au célibat, et le malheureux époux meurt le jour même de son union !

Tu penses peut-être que les centaines de mâles célibataires restants vont vivre paisiblement dans la ruche gorgée de miel et fêtés par les ouvrières ? Bien loin de là ! Une fois la reine fécondée, tout mâle est déclaré superflu ; son rôle est joué, et, chose terrible à dire, tout mâle est mis à mort ! Le massacre est d'autant plus facile que le sexe fort est sans armes et que le sexe faible est muni d'un dard empoisonné. Au jour fixé pour le carnage, l'armée féminine se rue sur ces ventres paresseux. Comme tous ces mâles mangent et que pas un ne travaille, les ouvrières ont grand intérêt à s'en débarrasser. Elles courent sus, frappent à droite à gauche leurs victimes sans défense. Ceux-ci se réfugient au fond de la ruche; les travailleuses les y poursuivent, les dardent, les tuent sans miséricorde, et quand les cadavres jonchent le sol, on les traîne dehors et les jette à la voirie.

Voilà le sort de notre sexe chez les abeilles; et, remarque-le bien, ce sort y est voulu par la nature. Je n'en conclus pas que le mâle, en général, vaille moins que la femelle, ni même que la mère abeille soit supérieure au faux-bourdon;

mais j'en conclus que chacun prend place selon son utilité; de même que les ouvrières conservent la reine à cause de sa fécondité, elles se défont des mâles quand ils ne sont plus bons à rien. La nature n'a donc fait ni des nobles ni des roturiers, mais des travailleurs; travailleurs qui, selon leur aptitude, conservent l'espèce, recueillent du miel ou fabriquent de la cire; mais toujours travailleurs utiles à la communauté. Un apôtre avait dit : « qui ne travaille pas ne doit pas manger. » Les abeilles disent : « qui ne travaille pas doit mourir ! »

Il y a une exception, mais l'exception confirme la règle. Les mâles sont conservés malgré leur inaction ; ils sont même traités avec égard aussi longtemps que la reine n'est pas fécondée. Il y a plus : si la

population de la ruche est surabondante et
fait pressentir ainsi la formation et le départ d'un ou de plusieurs essaims, les
mâles seront encore respectés pour accompagner la reine ou les reines qui se met-
tront à la tête des émigrations. Enfin,
comme la grande ponte des faux-bourdons
précède immédiatement l'éclosion de la
reine, il devient évident qu'ils ne sont mis
au monde que pour la féconder et mourir !
Toujours la vie donnée en vue d'une utilité et dans la mesure de la tâche à remplir. Je t'ai dit que la nature n'a pas fait
une reine, mais une mère ; pas des ren-
tiers, mais des travailleurs ; tu le vois, elle
n'a pas même laissé de place pour loger
les paresseux. Je t'engage donc à former
un rucher au lieu de te prélasser dans ton
château.

L'intention arrêtée de détruire les gens inutiles de tous genres se montre d'une manière bien étrange dans une autre circonstance. Cette fois il ne s'agit plus des mâles, mais des femelles, comme pour nous apprendre que la justice ne connaît point de sexe.

Je t'ai dit que les reines sont armées d'un aiguillon nécessaire au massacre de leurs compétitrices au trône ; mais il ne suffit pas d'avoir une arme, il faut de plus avoir la facilité de frapper. Eh bien ! tu vas voir le Créateur préparer le défaut de la cuirasse où le dard doit pénétrer.

Les cellules de reines sont tellement évasées sur leur bord que le ver royal est trop petit pour attacher ses fils aux parois sur ce point-là.

Il en résulte que le cocon filé par le ver

ne l'enclôt pas tout entier ; la tête, le corselet et le premier anneau de l'abdomen
sont bien enveloppés ; mais les anneaux
suivants sont à découvert. Aussi, quand la
première reine est sortie de sa cellule, et
que, suffisante pour perpétuer la ruche, elle
vient détruire ses compagnes désormais
superflues, elle peut facilement les atteindre ; le cocon ne les protége pas sur les
points les plus accessibles, et le dard de
la meurtrière trouve une place où s'en-
foncer.

Il peut te paraître téméraire de supposer que le Créateur ait ainsi préparé le
meurtre ; et tu serais sans doute plutôt
disposé à croire que la coque incomplète
de la nymphe royale tient à la nature de
cette chrysalide, et non pas à l'évasement
de sa cellule ? Mais ce qui prouve que la

future reine était capable de filer une
coque complète, c'est qu'elle la file telle
quand on la place dans une cellule d'ouvrière non évasée. Il est donc évident que
son peuple lui a donné un palais fait de
sorte qu'elle ne pût pas s'y cuirasser contre
le dard du meurtrier ; ou si tu veux, dans
le but de débarrasser le monarque de tous
ses prétendants ; et toujours revient la
règle : quiconque est inutile est retranché.

DIXIÈME LETTRE

Cher ami,

Je n'ose plus te faire de remarque, car
à chacune de mes objections tu me don-
nes sur les doigts. Je viens donc aujour-
d'hui humblement te demander instruc-
tion.

Puisqu'on ne veut chez les abeilles ni mâles ni femelles désoccupés, que ne chasse-t-on les paresseux au lieu de les tuer? Ils iraient s'établir ailleurs. Si ma critique n'est pas fondée, elle aura du moins l'avantage de provoquer, de ta part, une heureuse solution.

ONZIÈME LETTRE

Cher ami,

Je vois avec plaisir que tu te convertis peu à peu à mes abeilles. Mais comme elles ne veulent vaincre que par la persuasion, je vais répondre pour elles avec douceur à ton observation.

Remarque d'abord que si les centaines de mâles inutiles dans leur ruche allaient chercher asile ailleurs, ils ne seraient reçus nulle part. Toutes les ruches ont leurs habitants. Ces mâles exilés iraient-ils fonder une nouvelle colonie? Mais ils sont inhabiles à travailler, ils n'ont pas de cire, ils ne savent que manger. Aussi les ouvrières, plutôt que de les nourrir à ne rien faire, leur donnent la mort.

Et les reines surnuméraires, me diras-tu, pourquoi les massacrer au berceau? Parce qu'en les laissant éclore, il faudrait lutter avec elles; le carnage aurait lieu entre des égales, le trépas ne s'ensuivrait pas moins. Ne vaut-il pas mieux que cette mort tombe sur les incomplètes? Le but n'est pas ici la gloire d'une reine, mais l'utilité d'une nation. Au reste, tu vas voir que la nature a pourvu à l'emploi de toutes ces princesses quand il y aura pour chacune un peuple à gouverner.

Lorsque la ruche n'est pas considérable, et qu'il n'y a pas chance de la voir augmenter, les ouvrières n'ont besoin que d'une reine et elles permettent à la première qui naît de se défaire de toutes ses rivales; mais lorsque les habitants de la ruche surabondent et pressentent qu'ils pourront former des essaims, ils s'opposent au massacre des sœurs cadettes par la sœur aînée; et ils montent la garde autour de leurs berceaux, non-seulement pour préserver les princesses qui s'y trouvent encore renfermées, mais pour les empêcher elles-mêmes d'attenter à la vie de leurs rivales. Ainsi cette alvéole royale est à la fois palais et prison; la garde qui protége ses habitants contre une attaque s'oppose encore à leur évasion; ses hôtesses sont donc aspirantes au trône et prisonnières. Comme

le peuple s'est multiplié il faut que des co-
lonies s'en séparent, et c'est en vue de leurs
départs que plusieurs mères futures sont
préservées. Il y a jusqu'à quatre essaims
par saison ; quatre reines sont nécessaires
pour les accompagner dans leur émigration. Dès que deux sont écloses, elles cherchent à se détruire ; mais comme la population trop nombreuse désire un départ,
elle s'oppose à la lutte des deux rivales
jusqu'à ce que la dernière venue, se voyant
contrariée dans tous ses mouvements, s'a-
gite, communique son trouble aux ouvrières et dispose les plus aventureuses à la
suivre. Alors elle vient se poser sur le bord
extérieur de la ruche, et quand son essaim
est rassemblé, elle prend son vol, entraî-
nant ses sujets par son exemple, pour aller
ensemble fonder une nouvelle colonie.

Tu vois, cher ami, que la nature s'était préoccupée avant toi d'une agglomération devenue trop grande. Seulement cette mère prudente ne laisse partir ses enfants qu'après les avoir pourvus de tout ce qui leur est nécessaire pour vivre et se perpétuer ; elle n'expédie pas un essaim d'inutiles paresseux pour le plaisir de leur conserver la vie, mais un essaim composé de ses mâles, de sa reine et de ses ouvrières ; le Créateur a donc songé en même temps à mettre plus au large les abeilles qui restent, et à munir de tous les moyens de réussite celles qui partent, il ne sacrifie pas le bien-être d'une partie au confort de l'autre ; il fait servir leur séparation au plus grand bien de toutes deux. Voilà bien l'union de la puissance à la bonté ; on y trouve le père, dans le Dieu.

DOUZIÈME LETTRE

Cher ami,

Tout ce que j'apprends de toi sur l'abeille me montre qu'elle n'est pas aussi loin de l'homme que l'homme voudrait le supposer. Ceci me conduit à te faire une question. Cette abeille, non moins habile que nous en bien des choses, a-t-elle aussi nos sens : la vue, l'ouïe, l'odorat, etc.? Ses travaux sont-ils le résultat de l'instinct ou de l'intelligence? Cette question me paraît assez vaste pour remplir ta lettre en réponse à celle-ci; c'est pourquoi je n'en ferai pas aujourd'hui une seconde. Toutefois, ne tarde pas à satisfaire ma curiosité.

A toi.

TREIZIÈME LETTRE

Cher ami,

Ta question est des plus importantes; je vais y répondre de mon mieux.

Que l'abeille jouisse du sens de la vue, c'est évident; et même d'une vue étendue. En effet, l'abeille va cueillir son miel et son pollen à une distance parfois de plusieurs kilomètres, et quand elle revient chargée à sa ruche, c'est en ligne droite; elle sait où elle va; elle aperçoit les lieux, reconnaît sa demeure; elle voit, en un mot; il n'y a pas à en douter. Au reste, sa découverte des fleurs suffirait à le prouver.

Mais à quoi lui sert cette vue dans l'intérieur de la ruche ordinairement couverte

d'un capuchon épais, entre des gâteaux
serrés et au milieu d'une population com-
pacte? Comment voit-elle alors? — L'a-
beille ne regarde pas dans ces cas-là. Pour
les travaux accomplis dans l'obscurité, ses
antennes remplacent les yeux, elles tien-
nent lieu de mains, et même servent de
compas; elles palpent, sondent, mesu-
rent; et, si j'ose le dire, elles jugent. C'est
un grand avantage que l'abeille a sur
nous.

Quoi qu'il en soit, l'abeille jouit de la
vue; mais a-t-elle l'odorat? Je l'avais bien
remarquée se dirigeant vers un nid de
bourdons pour y piller le miel; mais je
n'étais pas sûr qu'elle y fût venue attirée
par l'odeur. Pour m'en mieux convaincre,
j'imaginai de cacher du miel dans une petite boîte couverte et surmontée d'une sou-

pape mobile qui dérobait le miel à la vue, sans l'empêcher de donner son parfum. Les abeilles y accoururent bientôt; et, plongeant leur trompe dans le nectar, elles me démontrèrent clairement qu'elles l'avaient flairé.

L'abeille possède donc aussi l'odorat, mais où est son nez? Voici comment on s'y est pris pour le découvrir.

Une abeille était occupée à manger; on vint présenter successivement à toutes les parties de son corps un petit pinceau imbibé d'huile de térébenthine dont l'odeur lui est désagréable. Tout entière à son festin, la gourmande ne parut rien sentir; mais ses voisines, qui ne mangeaient pas, prirent la fuite. Il était à supposer que la douceur du miel l'absorbait complétement. Le pinceau fut promené près de sa

tête ; toujours même immobilité. Enfin
il fut placé sous la trompe, dans la cavité
de sa bouche, et dès lors l'abeille recula
précipitamment. L'odeur étant éloignée,
l'abeille se remit à manger. Quand le pinceau revint, elle y tourna le dos et s'éventa.
Évidemment le siége de l'odorat était découvert ; ce n'était pas un nez placé au-des-
sus de la bouche, mais des narines dans
son intérieur.

Il y avait encore la contre-épreuve à
faire : avec de la colle on boucha ces
narines ; dès lors l'odorat fut supprimé ;
l'abeille ne s'émut d'aucune odeur ;
comme nous enrhumés, elle avait le nez
bouché.

C'est quelque chose que de savoir que
les abeilles sentent ; mais ce serait mieux
de découvrir si elles ont pour telle odeur

le même attrait, et pour telle autre la même
répugnance que nous; or, tant s'en faut
qu'il en soit ainsi. Par exemple, l'assa fœtida, qui nous est insupportable, est pour
elles indifférente; tandis que le musc, si
agréable pour nos dames, fait fuir l'abeille.
Mais ces différences entre l'insecte et nous
ne sont pas à son désavantage; au contraire, elles sont pour lui un privilége.
Ainsi son odorat est mis en rapport avec
ses besoins. Qu'importe que le musc lui déplaise, puisqu'il ne se trouve que sur les
animaux que l'abeille ne visite pas? Mais
heureux est-il que l'assa fœtida ne lui ré-
pugne pas, car il est à la racine d'une plante
qu'elle peut venir sucer! — Toutefois, pour
te rassurer, je puis te dire que la plante
qui donne le plus de miel, la passiflore,
abonde dans les pays chauds, et celle que

les abeilles préfèrent, le thym sauvage, est commune dans toutes nos contrées.

Cette harmonie entre les sens et les besoins de l'abeille m'en rappelle une autre d'autant plus remarquable que pour l'établir il n'a pas fallu moins que le concours de quatre éléments divers. La voici.

La nature qui vise au bien général a dû prendre ses mesures pour multiplier l'espèce et, par elle, ses produits. Pour créer des essaims, il faudra séparer les abeilles d'une même ruche, car, entassées dans une seule habitation, elles produisent moins que réparties dans plusieurs. Mais comment décider une partie de la population à s'expatrier quand elle se trouve confortablement établie dans une maison déjà construite et bien approvisionnée? D'un autre côté, si le Créateur donne aux abeilles une

humeur voyageuse, il est à craindre que
les ruches ne se vident en se divisant à l'in-
fini. La disposition à s'éloigner devra donc
être à la fois créée et restreinte, n'être ni
constante ni hâtive. Il faudra que ce désir
naisse juste au temps où la ruche est assez
nombreuse pour se partager. Voilà le problème. Voici sa solution. La nature a fait
l'abeille telle qu'elle ne peut pas supporter
une température bien supérieure à quarante
degrés. Or la foule croissante des abeilles
dans une ruche en augmente nécessaire-
ment la chaleur. Quand donc la population
s'est trop accrue, l'atmosphère devient
pour elle insupportable, et l'abeille par
son tempérament même aspire à partir;
elle abandonnera gîte et provisions plutôt que d'étouffer dans son étroite demeure.

Mais il y a plus : cette limite de chaleur supportable pour l'abeille se trouve aussi la limite de la température que son habitation peut soutenir. Si l'abeille ne partait pas, la cire fondrait et l'édifice croulerait liquide sur l'habitant ruiné! Ainsi la température de la cire fondante détermine le degré de chaleur que peut soutenir l'abeille, et ce degré extrême se produit dès que les mouches sont assez nombreuses pour rendre désirable le départ d'un essaim. Cette harmonie entre quatre faits différents ne rend-elle pas visible la pensée créatrice? Serait-ce par hasard que les instruments d'un quatuor feraient une symphonie? Serait-ce accidentellement que l'abondance du miel, le départ des essaims, la température tolérable pour l'abeille et le degré de chaleur de la cire fondante s'accorderaient tous quatre pour partir au même instant, et marcher d'un pas égal au même résultat? Ce hasard serait non moins habile qu'un Créateur. Mais je reviens à ton sujet, les sens de l'abeille.

L'abeille voit; l'abeille sent: mais jouit-elle du tact? Inutile de nous arrêter ici. Ce que j'ai dit de ses antennes, prouve surabondamment que le tact de l'abeille est des plus délicats. Elle bâtit dans l'obscurité, nourrit ses petits dans les ténèbres; vit enfin sous une voûte d'où toute lumière est exclue; il faut bien que dans une telle habitation, et au milieu de tant de travaux le toucher remplace la vue. Aussi a-t-on reconnu qu'une abeille qui avait les deux antennes coupées devenait incapable de travailler, de se conduire, et même de manger!

On a découvert, du tact de l'abeille, une preuve intéressante. On avait séparé une reine de son peuple par deux toiles métalliques assez espacées pour empêcher les abeilles des deux compartiments de se toucher. Dès lors, celles privées de leur souveraine s'occupèrent de lui donner une remplaçante.

On fit une autre expérience. On sépara encore une reine d'une partie des ouvrières ; mais cette fois les deux grillages étaient assez rapprochés pour que les antennes, tendues de part et d'autres, pussent se joindre. C'est ce qui ne manqua pas d'arriver ; tout le peuple vint toucher la main à sa reine qui se tenait (la pauvrette !) suspendue aux barreaux. La reine prisonnière au milieu d'une partie de ses sujets, passa la journée à recevoir la vi-

site des autres, exilés, mais fidèles ; si
fidèles que, sachant leur souveraine vivante bien que perdue pour eux, ils ne
lui donnèrent point de remplaçante et con-
tinuèrent leurs travaux comme par le passé.

Quant au goût, celui de l'abeille diffère
aussi du nôtre ; et comme ses autres sens,
il est approprié à ses nécessités. Telles
fleurs, pour nous désagréables et même
véritables poisons, donnent aux abeilles
des produits excellents. Il est fort heureux
pour elles qu'il en soit ainsi, car avec nos
répugnances, elles mourraient de faim dans
certaines contrées.

Cette harmonie est surtout frappante à
l'égard de l'ouïe. On pourrait dire que
l'abeille n'est sensible qu'aux bruits qu'il
lui convient d'entendre, aux bruits qui l'in-
téressent, à ceux qui l'avertissent d'un plai-

sir ou d'un danger ; mais de tout autre, elle ne semble pas même s'en apercevoir. La reine vénérée fait-elle ouïr tel bourdonnement qui lui est particulier ? Tous ses sujets inclinent la tête. Un papillon ennemi bourdonne-t-il autour de la ruche dont il cherche l'entrée et convoite le miel ? Aussitôt les abeilles fuient ou lui barrent le passage. Mais que le tonnerre gronde, qu'un coup de fusil retentisse, elles ne s'en émeuvent pas ; elles n'en ont rien à craindre, rien à en espérer.

En résumé, je puis te répondre : oui, comme nous, les abeilles ont des sens, tantôt plus, tantôt moins développés ; mais des sens autrement développés ; et ces différences sont en harmonie avec leurs besoins. La nature nous montre là, non-seulement un nouvel indice d'ordre, mais aussi des ressources plus variées; nous sommes conduits à penser que non-seulement des êtres inférieurs à l'homme ont des sens plus étendus que les nôtres, mais encore sentent, palpent, entendent, goûtent autrement que nous ne sentons, palpons, entendons et goûtons. D'où je tire cette conclusion, que les connaissances peuvent être acquises *autrement* que nous ne les acquérons.

Mais ceci me conduit à ta seconde demande qui se lie en effet à la première : l'abeille n'a-t-elle que l'instinct ? ou bien possède-t-elle aussi l'intelligence ?

Je n'hésite pas à répondre : elle jouit des deux. Quand plusieurs abeilles, sans se voir, travaillent des deux côtés d'un mur épais, et que leurs travaux respectifs s'emboîtent avec la précision du mécanisme d'une montre ; quand l'alvéole et la pyramide qui en sortent sont telles que les mathématiciens ont dû reconnaître que la forme des faces et l'inclinaison des angles étaient exactement ce qu'il fallait pour dépenser le moins de cire et obtenir le plus de solidité, puis-je admettre que l'abeille ait préparé par ses méditations ce merveilleux résultat? Non, non. Il y a donc chez elle de l'instinct.

Mais, d'autre part, quand je vois l'abeille réparer les accidents imprévus, changer la direction d'un gâteau selon les circonstances, puis-je supposer qu'elle n'ait pas réfléchi avant d'agir? Non plus. Toutefois, comme l'intelligence est en général moins évidente que l'instinct chez la brute, laisse-moi t'en donner une preuve irrécusable dans notre insecte industrieux.

Une chenille gloutonne était entrée dans une ruche et y ravageait tous les travaux, sa mort fut bientôt décrétée; mais ensuite que faire de son cadavre? Vivante, la bête n'avait traversé la porte étroite qu'avec peine; morte, il lui était impossible de sortir. Cependant la putréfaction ne pouvait tarder; toute la république était menacée de la peste. Que faire? L'instinct n'avait pas prévu le cas, l'intelligence y suppléa. La momie fut recouverte de cire, empêtrée comme une amande dans une couche de sucre, dès lors toute mauvaise odeur fut évitée; un coin de la ruche lui servit de cimetière, et l'on n'y pensa plus. L'intelligence se montre incontestablement ici.

Au reste, qu'il y ait instinct ou intelligence dans la créature, l'un ou l'autre ne suppose pas moins de puissance chez le Créateur. En accordant à l'insecte l'instinct, Dieu lui donne l'œuvre toute accomplie ; en le douant d'intelligence, il lui communique le génie qui doit l'accomplir. Serait-il moins merveilleux de faire pousser des pendules comme des arbres, que de créer un horloger ?

Non, le savoir acquis vaut la faculté de l'acquérir. Dans les deux cas, c'est Dieu qui crée ; l'abeille n'a rien inventé.

QUATORZIÈME LETTRE

Cher ami,

Je t'écris dans un moment de mauvaise humeur. Je ne suis guère disposé à te parler de tes abeilles. Imagine-toi que mon magnifique château est construit de telle sorte que, maintenant l'été venu, on y étouffe de chaleur. Si je fais percer des ouvertures au nord, nous mourrons de froid en hiver. Comment m'aérer en juillet, sans geler en décembre? Voilà la question que mon savant architecte n'a pas su résoudre. Aussi je suffoque et la plume s'échappe de ma main. Donc, adieu.

QUINZIÈME LETTRE

Cher ami,

Tu étouffes, me dis-tu, dans ton vaste château où ne se trouvent pas trente personnes; que serait-ce donc si vous étiez trente mille et que votre habitation ne vous laissât que juste assez de place pour vous traîner les uns sur les autres, comme mes abeilles dans leur ruche? Et cependant mes trente mille personnages vivent, respirent dans un espace de deux pieds cubes! comment l'expliquer?

Peut-on supposer que cet insecte vive sans air? — Non; car outre que ce serait une infraction à la loi générale qui régit tous les êtres animés, je puis dire qu'on a placé dans le vide une abeille et qu'elle y a de suite expiré.

Peut-on supposer que l'air se renouvelle de lui-même assez rapidement dans une ruche pour que le peu qui s'y trouve suffise à ces milliers d'habitants? Non plus; car la ruche n'a point de fenêtres, et ne reçoit l'air que par une très-petite porte presque toujours obstruée par les allants et venants. Je le demande encore:

comment expliquer cette respiration au milieu d'une foule dense, sous un étroit capuchon rempli de miel, de cire et d'une armée active d'êtres vivants? Pour trouver une réponse à cette demande cherchons, puisque les abeilles respirent, à découvrir où se trouve l'organe de leur respiration.

Pour cela je prends une abeille; je plonge sa tête dans l'eau, je la retire, et l'insecte en est si peu incommodé qu'il reprend son vol. Donc ce n'est pas par la tête que l'abeille respire.

J'en saisis une seconde et j'enfonce son abdomen dans le même liquide; je l'en retire, je la lâche; elle s'envole encore. Ce n'est donc pas non plus dans le ventre que se trouvent ses organes respiratoires.

Enfin, bien que ce ne soit pas une position commode pour ma mouche favorite, je courbe sa tête et son ventre du même côté et je plonge dans l'eau le milieu de son corps, appelé corselet. Aussitôt l'abeille se débat; enfin elle s'asphyxie, je la retire, et au lieu de s'envoler, elle tombe pour ne plus se relever. Dès lors je me dis: c'est par son corselet que l'abeille reçoit l'air. Des expériences diverses sont venues confirmer cette conclusion.

Il faut donc de l'air à l'abeille; mais comment peut-elle s'en procurer dans une ruche étroite, remplie, étouffée? Le réservoir d'air est-il dans le corps de l'abeille, ou bien dans la ruche, ou vient-il du dehors? D'abord il n'est pas dans son corps, car l'abeille, plus ou moins plongée dans l'eau, ne serait pas morte si sa provision d'air eût été dans son intérieur. Pour savoir ensuite si l'air contenu dans la ruche suffisait à la colonie, je fermai par un bouchon la porte unique de l'habitation, et au bout d'une demi-heure je vis mes abeilles s'alanguir, abandonner leurs travaux, et finalement tomber immobiles dans le fond.

Je retirai le bouchon, je fis au sommet de l'édifice une seconde ouverture, il en résulta un vif courant d'air à l'intérieur de la ruche. Aussitôt les asphyxiées se ranimèrent, revinrent à la vie complète et remontèrent sur leurs gâteaux. Ainsi, bien évidemment, l'air de la ruche, vicié par la respiration, ne leur suffisait pas. Comme à toi dans ton château, il leur fallait renouveler l'atmosphère de l'intérieur par celle du dehors. Mais comment les abeilles pouvaient-elles opérer ce renouvellement?

Je cherchais la solution du problème,

lorsque le lendemain, accompagné de mon jeune frère, je revins vers la ruche étudier mon industrieuse colonie. Tout mon monde était à l'ouvrage ; mais près de la porte, au dedans comme à l'extérieur, nous vîmes une vingtaine d'abeilles qui agitaient vivement leurs ailes ; celles qui étaient dans la ruche avaient la tête tournée vers l'entrée, celles qui étaient au dehors au contraire y tournaient le dos, si bien que toutes ensemble battaient des ailes dans le même sens, comme si elles poussaient d'un commun accord quelque chose dans leur maison.

Que font-elles ? me dis-je involontairement à haute voix.

— Eh ! sans doute, dit l'enfant, elles s'éventent ! Il fait si chaud !

Ce mot fut un trait de lumière pour moi :

elles s'éventent et éventent leur demeure ; elles poussent l'air des champs dans leur habitation, et c'est probablement ainsi que l'atmosphère de la ruche se renouvelle.

Mes observations suivantes vinrent confirmer cette supposition. Dans les jours chauds, surtout vers l'heure de midi, nous avons vu maintes fois des abeilles jouer le rôle de ventilateur. Leurs ailes faisaient près de leur porte l'office de ces tourniquets placés à nos fenêtres ; elles poussaient l'air pur du jardin dans leur ruche étouffée.

Pour mieux me convaincre de la réalité de ce fait, je plaçai une bougie allumée à l'entrée dégarnie de ses abeilles ventilantes. La flamme ne vacilla pas. Je l'y rapportai quand mes ventilateurs étaient en action, et la flamme fut aussitôt agitée. Il est donc certain que le renouvellement de l'air dans les ruches est dû à la ventilation des abeilles.

SEIZIÈME LETTRE

Cher ami,

Te l'avouerai-je ? tes études sur les abeilles m'ont donné le désir de t'imiter ; toutefois, comme je n'ai pas la patience nécessaire pour observer moi-même, je me contente d'étudier les travaux d'autrui. La lecture de tes lettres m'a fait ouvrir quelques volumes sur le même sujet et je viens t'exposer ce qui m'en est resté.

A côté des abeilles ordinaires dont tu m'as parlé et qui vivent nombreuses dans

une même ruche, il en est d'autres plus

Bourdon (grosse femelle)

grosses nommées bourdons, qui déposent leur nid dans des terriers. Ce sont bien encore des sociétés, mais beaucoup moins considérables ; 50 à 60 membres au lieu de 50 ou 60 mille ! On trouve encore ici une

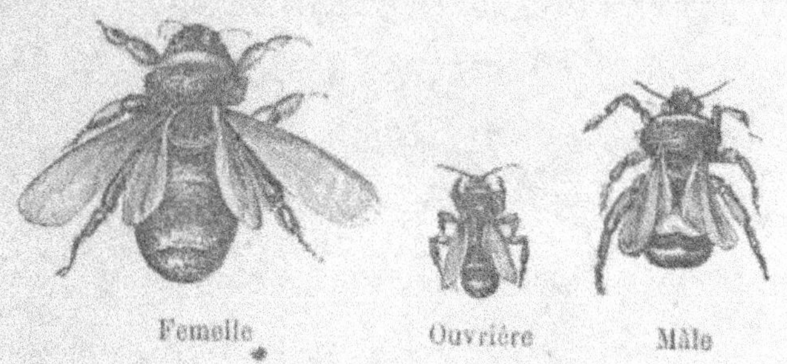

Femelle   Ouvrière   Mâle

mère, des mâles et des ouvrières ; du miel,

de la cire, et bien d'autres ressemblances avec les propres abeilles; pour t'épargner d'ennuyeuses répétitions, je ne te parlerai que d'un point essentiellement différent, leur habitation creusée sous terre par la mère.

Notons en passant une autre différence: chez les abeilles, les mâles vivent dans la paresse; ils travaillent chez les bourdons. Aussi, tandis que parmi les premières on massacre les paresseux, au milieu des seconds on respecte la vie de ces travailleurs. Et ce n'est pas impuissance de la part des ouvrières; car encore ici, les femelles sont munies d'aiguillon, et les mâles en sont privés. Si donc l'amazone épargne le pauvre désarmé, c'est bien parce que celui-ci prend la peine de l'aider dans ses travaux.

Une autre famille se fait remarquer par
une singularité , elle carde de la mousse
pour en couvrir son nid. Quand l'insecte
en a découvert quelques brins, il se pose
dessus, la tête tournée à l'opposite de sa
demeure ; avec ses pattes de devant il dé-
brouille le végétal, comme nos matelas-
siers avec leurs cardes débrouillent la laine
ou le crin ; puis ces jambes antérieures
font passer cette herbe épluchée à celles
du milieu qui la travaillent encore, et la
transmettent à celles de derrière pour ache-

Cardeurs

ver l'œuvre et repousser la mousse au loin.

Ainsi s'amasse un monceau qu'un autre bourdon reprend, perfectionne, et chasse plus avant, jusqu'à ce que cette manœuvre, répétée par plusieurs, amène l'herbe bien nettoyée au gîte qu'il s'agit de couvrir.

Je te l'ai dit, il s'en faut de beaucoup que l'intérieur du nid du bourdon présente l'aspect régulier de celui de l'abeille. Ici de vieux cocons servent de tonneaux à provisions ; les cellules sont diversement po-

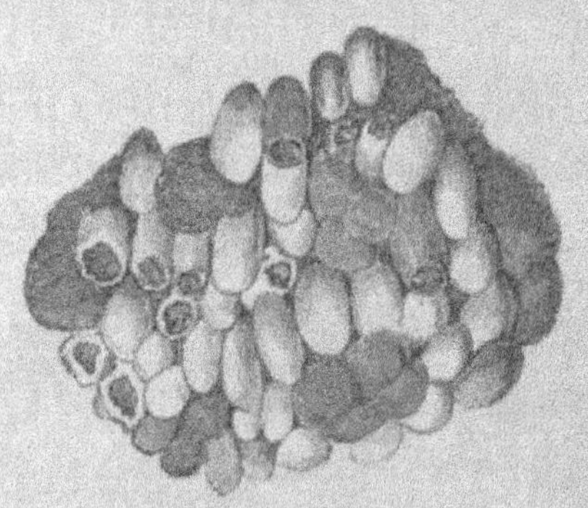

Cellules de bourdons

sées, des masses de cire, à droite et à gauche,

relient les diverses parties ; et tout cela forme l'ensemble désordonné que je viens de mettre sous tes yeux.

Je me suis demandé pourquoi le Créateur avait fait une telle différence entre mes bourdons et tes abeilles ; l'ordre, la perfection étaient-ils donc plus nécessaires aux uns qu'aux autres ? Mais en y réfléchissant, je crois avoir trouvé la solution de cette apparente difficulté.

Oui, l'ordre et la perfection étaient plus nécessaires aux abeilles qu'aux bourdons, et cela pour deux motifs. Les abeilles sont réunies en beaucoup plus grand nombre, et vivent plus longtemps que les bourdons : d'un côté 50 mille concitoyens, de l'autre 50 individus ; d'une part des êtres qui traversent cinq ans, de l'autre des insectes qui meurent au bout de quelques

mois. N'est-il pas évident qu'il faut infiniment plus de provisions à des abeilles as-
semblées par milliers, et endurant des hi-
vers sans travail, qu'à quelques bourdons
qui expirent avec l'été? Les bourdons recueillent et mangent ; les abeilles de plus
conservent et songent à l'avenir. Pour une
plus vaste entreprise, plus d'intelligence
et plus d'ordre ne sont-ils pas nécessaires ?
Pour amasser, ne faut-il pas une meilleure
administration? Le bourdon peut se dire :
Je dois disparaître avant les fleurs ! Mais
l'abeille doit penser : quand il n'y aura plus
de fleurs, j'aurai encore à vivre au milieu
des frimas.

Ici, comme ailleurs, Dieu a donc propor-
tionné les capacités à la position, et il n'a
pas doué les habitants d'une hutte, comme
ceux d'une grande cité.

Cette irrégularité de formes a donné lieu à une anecdote qui mérite d'être racontée. Un naturaliste avait transporté dans sa chambre une de ces agglomérations bizarres de cellules et l'avait placée sur sa table, dans l'espoir que les bourdons continueraient à travailler sous ses yeux. Pour se mieux assurer ce curieux spectacle, il avait couvert le tout d'un globe de verre. Les bourdons, en effet, reprirent leur activité, mais la masse informe de cellules vacillait sous les impulsions diverses des travailleuses. Les pauvres ouvrières, privées de matériaux, inventèrent un singulier moyen de la rendre immobile : elles montèrent sur ce massif, dirigèrent leur tête vers le sol, et vinrent appuyer leurs pattes de devant sur la table, tout en continuant à fixer la masse branlante avec leurs

pattes de derrière restées en l'air. Elles
tinrent de la sorte immobile cette informe
construction. Elles firent donc vivantes
l'office de ces étais qui soutiennent nos
édifices menacés de chute, et elles res-
tèrent là trois jours, attendant que leurs

Ouvrière soutenant les œufs.

œufs fussent éclos ! La reine elle-même vint
aider les ouvrières dans cette pénible cor-
vée. Le naturaliste, touché de tant de dévouement, introduisit un peu de cire sous
le globe et aussitôt les bourdons en façon-
nèrent des appuis pour fixer leur monde
vacillant.

La société de mes 50 ou 60 bourdons n'est qu'un village comparativement à tes grandes cités d'abeilles de 50 à 60 mille individus. Voici la simple famille encore moins nombreuse, mais non moins intéressante.

Les abeilles solitaires dont je vais te parler, ont aussi pour trait caractéristique leur habitation. Les unes s'emparent du tronc d'un arbre mort, elles le scient, le creusent, le taraudent; nous les nommerons donc charpentiers.

Représente-toi un bloc de bois bien sec;

Mandibules grossies

non pas à l'ombre, mais au soleil; notre

charpentier, muni de mandibules tranchantes, dures et pointues, l'attaque par une extrémité et creuse dans son intérieur un trou cylindrique de 30 à 40 centimètres de profondeur.

Le vide fait dans le bois produit une certaine quantité de débris, assez semblables à notre sciure de menuiserie. L'abeille pousse tout cela dehors ; mais tu verras bientôt que rien n'est perdu. Après ce premier étui, l'ouvrière en creuse un second, un troisième, si bien que voilà plus d'un mètre de profondeur sur un diamètre suffisant pour y mettre le doigt, creusé en quelques semaines par un petit insecte presque invisible à quelques pas. Ce rude labeur n'est cependant qu'une préparation. Le vide est fait; reste à le remplir. La mère commence par déposer au

fond de ce cylindre la nourriture nécessaire pour amener un ver à l'état de
nymphe. Sur cette nourriture, elle dépose
un œuf; puis songe à clore la cellule her-
métiquement. Pour cela, la patiente ouvrière va prendre grain à grain cette même
sciure de bois mise en réserve ; chaque
parcelle en est par elle engluée, puis jointe
à une autre, et enfin toutes deux sont collées
à la paroi dans la cellule. Bientôt ces grains
multipliés forment un anneau intérieur; de
nouveaux grains mis en cercle plus petit
y sont successivement ajoutés, et l'ouver-

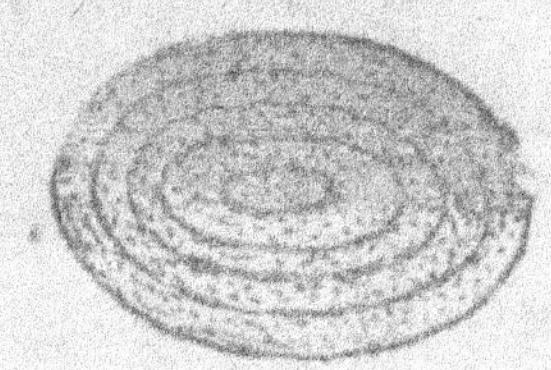

Séparation des cellules

ture centrale se rétrécissant toujours finit

par disparaître et se trouve remplacée par
un plafond couvrant le premier étage, et
qui servira de plancher au second. Ici nouvelle nourriture accumulée, nouvel œuf
déposé, et semblable clôture jusqu'à ce
qu'enfin le long cylindre devienne une
tour à plusieurs étages dont chacun a son
locataire muni de ses provisions.

Cellules du charpentier

Voilà donc une série de cellules bien
closes, où les œufs deviendront des vers ;

les vers, des nymphes, les nymphes, des bourdons. Mais comment ces insectes complets sortiront-ils de ce cachot? Cela paraît d'autant plus difficile que le ver qui doit éclore le premier sera celui du fond. Percera-t-il le bois? mais hélas! ses outils sont encore bien faibles! Prendra-t-il patience jusqu'à ce que ses voisins des étages supérieurs soient partis, pour s'enfuir par le même chemin? Mais il mourrait de faim, car la nourriture laissée par sa mère était juste ce qu'il fallait pour atteindre son éclosion! Eh bien, dans cette difficulté extrême, voyez l'admirable prévoyance (dirai-je de sa mère ou de son Créateur?) : au bas de sa loge, le nouveau-né trouve une ouverture toute faite; sans doute elle est bouchée de grains de sciure, mais il n'y a là rien à tarauder;

l'insecte déplace ces parcelles légères et mobiles; le passage est ouvert et l'abeille s'envole en liberté.

Ce qui montre bien que ce n'est pas le jeune, mais la mère qui creuse ce passage, c'est que cette issue ne se retrouve pas à chaque nid, mais bien dans celui du fond,

Section de cellules

par où le second, le troisième-né pourront,

en descendant, s'échapper à leur tour! Bien
mieux, comme il y a 7 ou 8 cellules les
unes sur les autres, et que le trajet pourrait paraître long à ces pauvres petits,
leur mère a eu soin de creuser aussi une
de ces sorties dans le nid supérieur, et
parfois dans celui du milieu, comme te le
présente la gravure ci-contre. Quelle solli-
citude, quelle prévision!

Un mot sur la manière dont tous
ces faits ont été observés. Tu pourrais t'é-
tonner qu'un homme eût la vue assez per-
çante pour observer ces transformations
d'œufs, de vers, de nymphes à travers le
bois? Mais toi, qui pour étudier tes abeilles leur as fait un globe de verre, une ruche
transparente, tu comprendras facilement
mon explication. Avec des yeux ordinaires
et un esprit inventif, un naturaliste a

fendu le bois, juste sur le bord de la cannelure intérieure, et mis ainsi les cellules à découvert. Toutefois, comme il fallait qu'elles fussent fermées, pour que les éclosions eussent lieu, il s'est hâté de remplacer par une vitre le bois supprimé, et c'est ainsi qu'il a pu voir ce que je viens de te raconter.

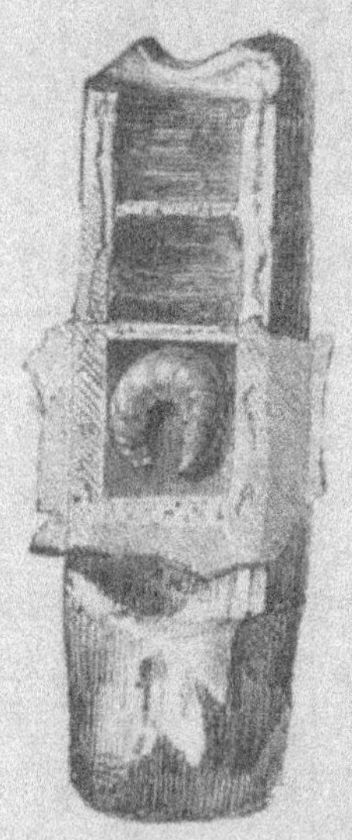

Cellule de charpentier close par un verre

Du charpentier passons au maçon, et suivons une autre mère dans la confection de son nid.

Il faut à celle-ci une cellule plus solide; la pierre seule peut lui suffire; mais comment creuser cette pierre sans fer, sans acier? Ne pouvant la percer, notre insecte va la créer! Le voilà courant les grands chemins, ramassant çà et là des grains de sable ni trop gros ni trop fins. A leur sable nos maçons mêlent de la chaux; notre abeille maçonne porte sa chaux dans

Femelle maçonne

Mandibule
vue sur les deux faces

Cellule
inachevée

son corps (serait-ce par hazard?), elle en

humecte les grains, les rapproche, les
unit l'un à l'autre, et quand elle en a fait
une pierre assez grosse pour remplir juste
les deux cavités de ses mandibules, elle
la saisit et l'emporte sur le point où doit
s'élever sa construction.

Cela fait, l'abeille accomplit un nouveau
voyage, fabrique une seconde pierre, vient

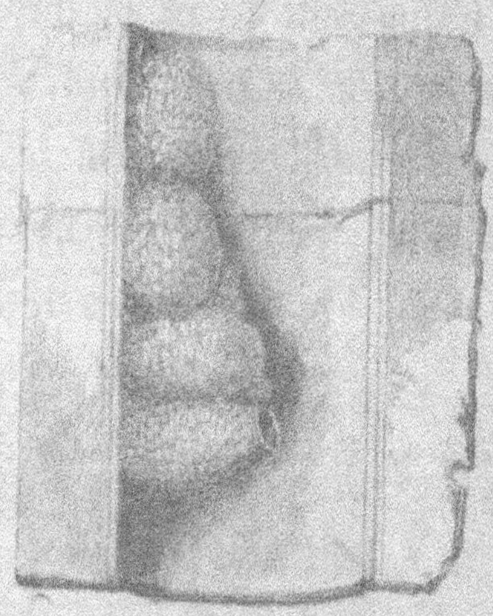

Cellules de maçonne

la relier à la première, et ainsi de suite

jusqu'à ce qu'enfin pierres sur pierres forment le nid désiré. Je te présente ici quelques-unes de ces cellules. La première à droite encore ouverte pour recevoir l'œuf et sa nourriture; la seconde est close; les autres sont là pour te faire comprendre leur variété de position. Ces nids faits et remplis chacun de son œuf et de sa nourriture, il reste à les mettre à l'abri de tout accident. Pour cela, la mère les unit, en remplissant de mortier les espaces vides, si bien que les 6 ou 8 nids de pierre forment un gros caillou à l'œil du passant. Et ne crains pas que personne vienne le briser; il a si bien durci, qu'il s'est pétrifié.

Mais comment la chrysalide percera-t-elle un tel cocon pour se mettre en liberté? On suppose que la mère lui a facilité cette œuvre en faisant d'avance un trou qu'ensuite elle a bouché avec des matériaux plus tendres.

Un naturaliste, pour étudier cette éclosion, avait placé un de ces œufs calcaires sous un globe qui lui permettait d'observer le travail et de retenir le travailleur. Toutefois il avait pratiqué à ce globe de verre une issue recouverte d'une simple gaze. En son temps, l'œuf de pierre fut percé de trois trous et trois mouches apparurent; mais ces trois ouvrières, assez fortes pour trouer la pierre, ne le furent plus assez pour déchirer la gaze, et moururent de faim ! Ne semble-t-il pas que le Créateur leur eût donné juste l'énergie pour accomplir l'œuvre naturelle, mais rien de plus, pour une tâche surajoutée par l'homme ?

Voici l'image de ce nid troué.

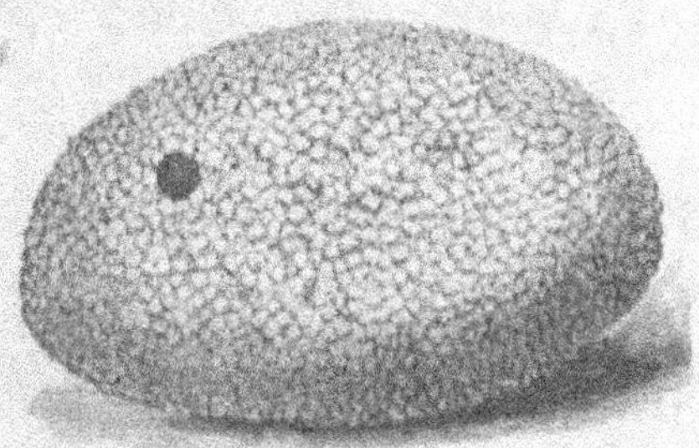

Nous ne sommes pas au bout de la série
de formes que peuvent revêtir les nids de

Feuilles de rosier découpées par l'abeille

bourdons. Il semble qu'ici comme dans toutes ses œuvres, Dieu ait voulu épuiser toutes les combinaisons possibles pour manifester l'immensité de ses ressources; nous avons vu des nids de pierre, nous allons en voir en feuilles de rosier.

Un jour un jardinier, par trop naïf, trouve dans ses plates-bandes un rouleau végétal, si parfaitement cylindrique dans sa longueur, si bien clos par les deux extrémités, qu'il ne mit pas en doute que ce ne fût là le travail de l'homme; d'où il conclut que des méchants avaient jeté un sort sur son jardin et que ces tubes de feuilles étaient leur œuvre. Il court porter à son

Feuilles roulées en cellule

maître et les tubes et son explication.

Celui-ci déroule les feuilles et trouve à l'intérieur des vers vivants couchés sur la nourriture que la mère leur avait préparée.

Mais comment ces nids avaient-ils été construits ? Avant de les avoir examinés on serait tenté de croire qu'ils sont formés tout simplement de feuilles prises au hasard et enroulées sur elles-mêmes, comme une feuille de papier qu'un enfant entortille sur son doigt. Tant s'en faut qu'il en soit ainsi, chacune des parties, prise sur une feuille entière, est découpée avec les dents, comme avec leurs ciseaux nos tailleurs découpent sur une pièce de drap chaque partie de nos habits. Mais ici l'insecte est plus habile que l'homme ; le tailleur doit mesurer notre corps, couper un modèle, enfin l'appliquer sur l'étoffe pour y prendre pans, col et manches qui lui restent encore à coudre, doubler, fouler et repasser. Mais l'insecte, sans prendre mesure, sans secours du patron, coupe d'emblée sur des feuilles d'arbre des ronds, des ovales, des sections d'ellipse, et ajuste chacun de ces segments à sa place spéciale pour en former un tube parfait.

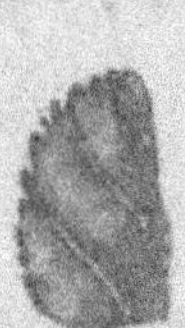

Feuille roulée. Cellules formées de feuilles. L'insecte portant la feuille
a Cellule avec l'ouverture en haut
b Cellule avec l'ouverture en bas

Ce tube est encore ouvert par les deux bouts. Voyons comment l'insecte va le transformer en un cylindre clos. D'abord il découpe dans une feuille une rondelle un peu plus grande que le fond du tube, la pose sur cette ouverture, en relève les

bords qui se durcissent en séchant, et
voilà une des deux extrémités close.
Quant à la seconde, il la bouche avec économie, en prenant un second tube fermé
d'un côté, et le plaçant sur l'ouverture du
premier ; comme nous poserions un bocal
sur son semblable, de manière à ce que le
fond de l'un servît de couvert à l'autre.
Ce n'est pas tout : chacun de ces nids va
se retrécissant vers le sommet, et comme
il faut que la base du dernier entre dans
la bouche du précédent, il en résulte que
les nids deviennent de plus en plus étroits.

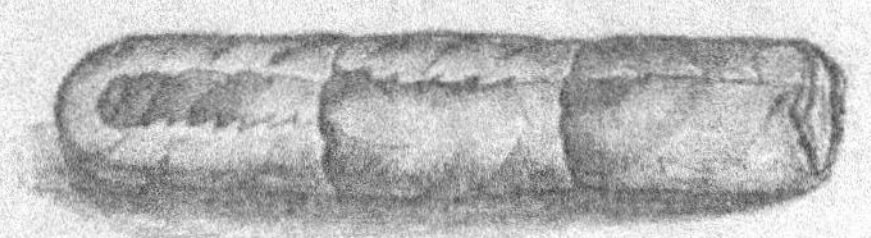

Cellules closes par le fond l'une de l'autre

Je ne saurais mieux comparer le tout qu'à

un jonc, divisé en cellules et s'amincis-
sant dans toute sa longueur.

Cette diminution graduelle, nécessaire
pour bien boucher l'ouverture de chaque
nid, complique singulièrement le travail,
car après avoir déposé dans chaque cellule un œuf et sa nourriture presque liquide, l'abeille couvre le tout de deux ou
trois ronds superposés, découpés dans
des feuilles, comme une femme de ménage

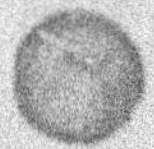

Rondelle de feuille

dépose un rond de papier à la surface de
la confiture dans chacun de ses pots. Or,
comme tous ces vases sont de diamètre
divers, il faut encore que l'abeille taille
trois fois 7 ou 8 rondelles de 7 ou 8 différentes dimensions pour s'emboîter juste-

et atteindre les parois sans s'y froisser. Tout est ainsi ajusté avec tant de précision que, sans ficelle ni colle, le liquide est préservé de coulage. Quel géomètre a pu faire cela sans règle ni compas? Celui seul qui a lancé dans l'espace les mondes se croisant en tous sens, à toutes vitesses, sans jamais se heurter!

Peut-on faire plus? Oui, et tu vas le voir. Voilà déjà le nid bien clos de toutes parts; mais, hélas! il n'est formé que d'un frêle tissu qui peut se déchirer. On y remédiera; au lieu d'une feuille simple, l'abeille en mettra trois, les unes sur les autres; non pas en les roulant toutes à la fois, mais en ayant soin d'enchâsser successivement trois rouleaux les uns dans les autres. Quand elle arrivera au second, d'un diamètre moins grand que le pre-

mier, elle prendra garde de tailler aussi
ses pièces plus petites. Quand elle arrivera
à confectionner le troisième, encore plus
étroit, elle ne manquera pas d'en dimi-
nuer les dimensions dans le même rapport. Voilà donc un nid composé d'une
triple enveloppe, d'un quadruple couvert
et d'un fond soudé sur les bords!

Nous ne sommes pas au terme de ces
sages précautions. La colonne de ces nids
mis bout à bout risque de se rompre sous
les atteintes de la pluie, du froid ou de
l'ennemi; il faut donc en consolider l'ensemble. Pour cela, l'abeille recouvre le
tout d'une enveloppe extérieure plus gros-
sière et plus forte.

Est-ce fini? Non; ce travail est enfoui
dans le sein de la terre.

Voilà donc dix-huit ou vingt pièces rap-

portées pour un seul nid, toutes coupées
justes et sans patron, la plupart de grandeurs différentes et de formes diverses,
concourant ensemble au même but : confectionner le berceau d'un ver de terre !
Une mouche a-t-elle inventé tout cela ? —
Mon Dieu, pardon !

Pour plus de clarté, j'ai commencé par
te décrire les nids intérieurs ; puis je t'ai
parlé de leur enveloppe générale ; enfin,
du dépôt du tout dans le sol. Mais il ne
faut pas conclure que les travaux se soient
accomplis dans cet ordre ; c'est précisément dans l'ordre inverse. L'abeille commence par creuser la terre, elle dispose
ensuite l'enveloppe générale de feuilles et
finit par confectionner les nids eux-
mêmes. C'est ce que nous faisons nous-
mêmes pour bâtir une maison : d'abord

les fondements jetés dans le terrain, puis
les murailles élevées au dehors, et finalement les meubles disposés à l'intérieur.
Tu le vois, les abeilles ont autant d'esprit
que nous !

Serait-il possible de construire plus lé-
gèrement qu'en feuilles ? Non, pour nous
sans doute ; mais rien n'est impossible à
l'abeille en fait de légèreté dans ses constructions, et nous allons la voir se passer
de feuilles, comme nous l'avons vue se
passer de bois et de pierre.

Cette mère forme ses nids d'une membrane transparente qui laisse voir du dehors au dedans le ver et sa nourriture.

Chacune de ces cellules, assez semblables

à une bourse, s'emboîte par le fond dans la bouche de la précédente. Au point d'insertion, la membrane étant doublée perd sa transparence, et ainsi la série de nids présente une alternative de couleurs. Le

tout est déposé dans un tunnel creusé au sein de la terre.

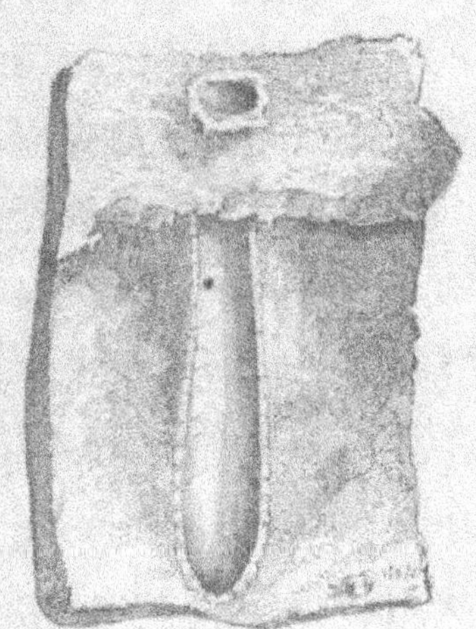

Section de cellule

De quelle matière est cette membrane? serait-elle de la même étoffe que les cocons? ou bien serait-ce un tissu végétal? On n'en sait encore rien.

Après la cellule transparente, il n'y avait qu'un pas à faire pour arriver à plus d'économie en fait de nid : c'était de s'en passer. Le Créateur n'y a pas manqué; telle autre abeille creuse en terre un trou cylindrique plus large vers le fond, comme nous plaçons une chambre au bout d'un corridor. Ce logement est tapissé de feuilles de pavots; la nourriture et l'œuf y sont déposés. La mère sort, ferme la porte en recourbant sur son dépôt le bord des feuilles, et quand son enfant est ainsi bien clos, bien approvisionné, elle se retire en faisant crouler après elle la terre pour remplir le passage; en sorte qu'il ne reste au dehors aucune trace de cette mystérieuse habitation.

Voilà ce que fait en deux ou trois jours une abeille de cette grosseur.

Quelle variété de moyens ! De même que Dieu dans l'univers semble avoir mis l'homme au défi d'imaginer une condition où la vie ne soit plus possible, en plaçant des êtres animés à la surface du globe, au fond de l'Océan, au milieu des airs, au sommet des glaciers et jusque dans nos entrailles, ne semble-t-il pas que ce même Dieu ait voulu nous défier ici d'imaginer une place où l'abeille ne pût pas exister ? Et si l'abeille peut se déve-

lopper dans des milieux si divers, l'homme
ne le pourrait-il que sur cette terre qui
répond si mal à ses aspirations ?

Un autre fait me frappe dans ces cellules d'abeilles ; toutes diffèrent et toutes
se ressemblent. Ici, c'est une alvéole de
cire ; là, de terre ; ailleurs, de bois, de
pierre ; enfin, de simples feuilles ; mais
toutes ces demeures sont cependant des
ruches, des cellules agglomérées. Les matériaux sont autres, le plan reste le même
et manifeste une unique pensée. Est-ce le
bourdon qui a copié l'abeille ? est-ce la
maçonne qui a singé le charpentier ? ou
bien toutes ces ressemblances sont-elles
dues au hasard ? Six artisans se sont-ils
reproduits sans le savoir ? Tout autant
d'hypothèses qui choquent le sens intime
et nous font sentir la justesse de cet ancien

axiome : l'ordre dans la variété démontre un créateur.

DIX-SEPTIÈME LETTRE.

Cher ami,

Voilà donc ton silence expliqué; tu as voulu toi-même étudier le sujet des abeilles avant de me répondre, et je vois avec plaisir que tu y as pris goût. Tu n'as dès lors plus besoin de moi pour te stimuler et je termine ici par une question qui nous intéresse tous deux.

Je me suis souvent demandé pour qui les abeilles avaient été créées? Serait-ce pour elles-mêmes? C'est possible; elles-mêmes consultées n'en douteraient pas. Il est à croire que chaque espèce d'êtres con-

clurait de même pour son propre compte.
Et toutefois nous, hommes, nous inclinons
à croire que tous les animaux ici-bas sont
faits pour nous. Outre notre supériorité
immense sur eux, ce qui contribue à me
le persuader, c'est leur aptitude à nous
servir. Le chien semble fait pour nous
garder, nous défendre et nous aimer. Le
bœuf m'a toujours produit l'effet d'un
arbre à chair, destiné à nous nourrir. Le
cheval porte si bien nos fardeaux, nos personnes, il nous épargne tant de peines,
nous rend de si grands services et cela de
si bon gré, que son obligeance pour nous,
à défaut de la nôtre pour lui, suffirait à me
persuader qu'il est né notre très-humble
serviteur. Une simple mouche aurait-elle
plus de dignité que tous ces êtres ? Aurait-
elle été créée uniquement pour elle-même ?

Comme ce paradoxe pourrait être soutenu, je demande à l'examiner.

Pour qui le peuple des abeilles a-t-il été mis au monde? Serait-ce d'abord pour procurer à sa mère le plaisir de régner? Remarque d'abord que ce règne est beaucoup moins réel qu'on ne le suppose généralement. Avant de commander, la reine obéit; elle est prisonnière, elle n'entre dans le monde que lorsque le permettent ses ouvrières; même après avoir reçu la liberté, elle est délaissée aussi longtemps qu'elle ne porte pas dans son sein fécondé les futures travailleuses. Quand elle trône, elle doit encore combattre ses rivales; elle n'est vraiment maîtresse qu'après les avoir toutes vaincues; enfin elle-même peut succomber. Si c'est là régner, cela coûte un peu cher, et j'ai peine à croire que l'auteur de toutes choses ait formé trente mille esclaves pour procurer à une seule mouche cette maigre félicité.

Si ce n'est pas pour la mère, serait-ce pour le père que le Créateur a fait naître l'essaim? pour ce père qui ne connaît sa compagne qu'un instant dans les airs et qui ne la reverra jamais? qui reçoit d'elle la mort à leur séparation? Certes, si tout l'éclat de la couronne n'a pas suffi pour justifier les fatigues de tout un peuple, ce n'est pas le bonheur éphémère d'un condamné à mort qui nous les expliquera.

Il est vrai que s'il n'y a qu'un époux, il y a des centaines de célibataires, et qu'on pourrait croire que ces seigneurs, vivant de leurs rentes, valent bien la peine que se donnent trente mille artisans. Mais voici ce qui dérange cette supposition : ces ouvrières, après avoir nourri ces mâles juste assez longtemps pour féconder la reine, prennent si peu de souci de ces messieurs qu'elles viennent en masse leur donner la mort! Si ces servantes ont été formées pour le bonheur de ces faux-bourdons, elles remplissent singulièrement leur devoir.

Mais non, une vie longue et heureuse pour les mâles était si peu dans le plan primitif, que le Créateur a armé d'un glaive empoisonné leurs milliers d'ennemies et le leur a refusé à eux-mêmes, tout mâles qu'ils sont. On ne prépare pas le massacre des êtres qu'on veut rendre heureux.

Enfin, si la république des abeilles n'a été mise au monde ni pour la reine, ni pour le prince-époux, ni pour ses frères déshérités, ne serait-ce pas pour les ouvrières si nombreuses, si actives, si habiles, j'allais dire si méritantes?

J'en conviens, cette hypothèse me paraît plus raisonnable que les précédentes. Cependant, examinons-la de près.

Pour cela, tâchons de découvrir quel est le lieu le plus propice à l'habitation des abeilles. Ce n'est pas dans un bois où la patte de l'ours, le museau du renard, viennent détruire, en un instant, la ruche que ses habitants ont mis des années à remplir; ce n'est pas sur les rochers escarpés où les oiseaux rapaces abondent, et où les fleurs manquent. La place la plus favorable à l'établissement d'une ruche d'abeilles, c'est le voisinage de nos habitations; elles y rencontrent des soins intelligents pour multiplier leurs essaims, accroître leur famille et faire plus d'heureux;

elles jouissent de nos vergers, de nos jar-
dins, sans nous appauvrir, au contraire.
On affirme que leurs déchirures sur la
fleur en favorisent l'éclosion et servent à
disperser au loin la poussière fécondante.

Ainsi l'habitation de l'homme et la
ruche de l'abeille se donnent un mutuel
secours, premier indice que l'abeille est
faite pour nous, à moins que de prétendre
que nous soyons faits pour l'abeille....

Et que produisent-elles, ces abeilles?

— Du miel et de la cire. — En produisent-elles assez pour se nourrir? Oui,
et même beaucoup plus, et si l'homme en
prend la plus grande partie, le reste suffit largement à la reine, aux mâles et aux
ouvrières.

Or peut-on croire que le Créateur, sage
administrateur de ses biens, ait permis que

ce superflu péniblement amassé par l'a-
beille fût inutile à l'homme son voisin ?
Non, et je suis en droit de conclurequ'en
créant l'abeille, c'est à nous premièrement
que notre Dieu a pensé.

Aussi le miel et la cire s'adaptent-ils à
nos besoins de nourriture et d'industrie
tout aussi bien qu'à ceux de l'abeille
elle-même. Nous les obtenons presque
sans peine; nous y goûtons avec délices.
Nous n'oublions qu'une chose, c'est de
remercier celui qui nous les a donnés!
mais j'espère que mes lettres serviront à
le rappeler.

Je dois dire en terminant ces pages que
c'est à la manière de mon héroïne que je
les ai écrites: comme l'abeille, j'ai trouvé

le miel tout fait; comme elle je l'ai porté simplement dans mon rucher, ce papier; comme l'abeille, enfin, je ne l'ai pas cueilli pour moi, mais pour vous, lecteurs.

Je n'ai inventé ni l'abeille ni la ruche, je n'ai découvert ni la cellule ni les gâteaux, et si l'on désire connaître la source où j'ai puisé, qu'on aille consulter François Hubert, homme savant, modeste, philosophe et croyant.

FIN